Dinah Spring

Mit kleinen Tricks groß beeindrucken

Kopfrechentechniken in Kurzform

AF282540

Dinah Spring, geboren 1977 in Hamburg, ist Zahlenliebhaberin und Kopfrechentrainerin.
2018 hat sie den ersten Deutschen Meisterstitel in der Kopfrechenkategorie Hectoc gewonnen.
Dinah Spring ist Gründungsmitglied des gemeinnützigen Vereins Reken rechnet e.V.. 2019 organisierte sie die 4. European Championship in Mental Calculation for Students (9-19 years). Seitdem konzeptioniert und organisiert Dinah Spring im Münsterland die Kreis- & Regionalmeisterschaften im Kopfrechnen an weiterführenden Schulen und führt Kopfrechenworkshops durch.

Dinah Spring

Mit kleinen Tricks groß beeindrucken

Kopfrechentechniken in Kurzform

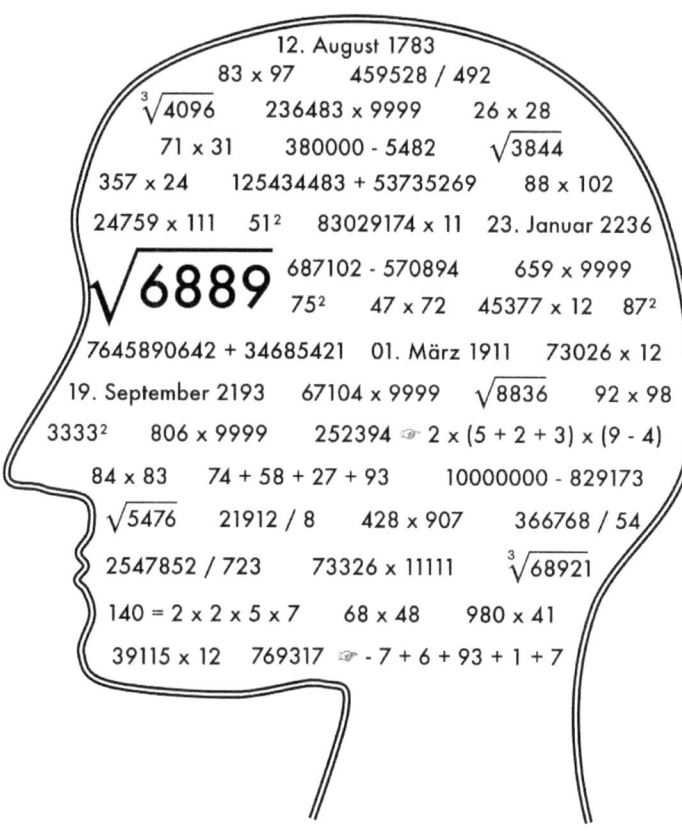

Bibliografische Information der Deutschen Nationalbibliothek:
Die Deutsche Nationalbibliothek verzeichnet diese
Publikation in der Deutschen Nationalbibliografie;
detaillierte bibliografische Daten sind im Internet
über http://dnb.dnb.de abrufbar.

Die automatisierte Analyse des Werkes, um daraus
Informationen insbesondere über Muster, Trends und
Korrelationen gemäß §44b UrhG („Text und Data Mining")
zu gewinnen, ist untersagt.

© 2024 Dinah Spring
Mit vielen lieben und netten Helfern.

Verlag: BoD · Books on Demand GmbH, In de Tarpen 42,
22848 Norderstedt
Druck: Libri Plureos GmbH, Friedensallee 273, 22763 Hamburg

ISBN: 978-3-7583-7110-3

Vorwort 9

I.   Allgemeine Definitionen 12

II.   HECTOC ☞ eine Zahlenspielerei ☜............. 14

III.   Addition 16

IV.   Subtraktion 18

IV.1.   Subtraktion zweier Zahlen........................ 18

IV.2.   Subtraktion vom Vielfachen einer Zehnerpotenz....... 20

Übungsaufgaben Teil I.................................... 22

V.   Multiplikation 24

V.1.   Multiplikation zweistelliger Zahlen
        nach der Methode „Kreuzmultiplikation" 24

V.2.   Kreuzmultiplikation zweier dreistelliger Zahlen 26

V.3.   Multiplikation zweistelliger Zahlen
        mit gleichen Zehnerstellen 28

V.4.   Multiplikation zweistelliger Zahlen,
        deren Einerstellen gleich sind und deren
        Zehnerstellen addiert 10 ergeben 29

V.5.   Multiplikation zweier Zahlen
        „einer mehr als der davor"........................... 30

V.6.   Multiplikation zweier Zahlen
        in der Nähe von Zehnerpotenzen Teil I........... 32

V.7.   Multiplikation zweier Zahlen
        in der Nähe von Zehnerpotenzen Teil II......... 34

V.8.   Multiplikation zweier Zahlen
        in der Nähe von Zehnerpotenzen Teil III 36

V

V.9.   Multiplikation mit der Zahl 11 38

V.10.   Multiplikation mit der Zahl 12 40

V.11.   Multiplikation mit Repdigits von 1 42

V.12.   Multiplikation mit Repdigits von 9 Teil I.............44

V.13.   Multiplikation mit Repdigits von 9 Teil II............46

V.14.   Multiplikation mit Repdigits von 9 Teil III 48

Übungsaufgaben Teil II...50

VI.   Division...52

VI.1.   Division aufgehend und mit einstelligem Divisor 52

VI.2.   Division aufgehend mit zweistelligem Divisor 54

VI.3.   Division aufgehend mit dreistelligem Divisor 56

VII.   Primfaktorzerlegung..58

Übungsaufgaben Teil III 62

VIII.   Quadrieren und Quadratzahlen..........................64

VIII.1. Quadrieren zweistelliger Zahlen 64

VIII.2. Quadrieren dreistelliger Zahlen 66

VIII.3. Quadrieren mit der Endziffer 1............................68

VIII.4. Quadrieren mit der Endziffer 5............................69

VIII.5. Quadrieren unterhalb von Zehnerpotenzen 70

VIII.6. Quadrieren oberhalb von Zehnerpotenzen...............71

VIII.7. Quadrate Repdigits von 1 72

VIII.8. Quadrate Repdigits von 3....................................73

VIII.9. Quadrate Repdigits von 6....................................74

VIII.10. Quadratzahlen Vorgänger und Nachfolger 75

IX.   Wurzeln 76

IX.1.   Aufgehende Quadratwurzeln
mit zweistelligem Ergebnis 76

IX.2.   Aufgehende Kubikwurzeln
mit zweistelligem Ergebnis 78

Übungsaufgaben Teil IV 80

X.   Prozente einer Zahl Y 82

XI.   Bruchrechnung 84

XI.1.   Bruchrechnung Addition 84

XI.2.   Bruchrechnung Subtraktion 85

XI.3.   Bruchrechnung Multiplikation 86

XI.4.   Bruchrechnung Division 87

Übungsaufgaben Teil V 88

XII.   Wochentagsberechnung 90

XII.1.   Wochentagsberechnung
nach Jan van Koningsveld 92

XII.2.   Wochentagsberechnung
nach Dr. Dr. Gert Mittring 94

Übungsaufgaben Teil VI 96

XIII.   Zahlenspielerei The 2024 Year Game 98

XIV.   Anhang 101

XIV.1. Übungsaufgaben aus sämtlichen Bereichen 101

XIV.2. Zahlentafel mit Primzahlen bis 150 111

VII

XIV.3. HECTOC
Ziffernreihenfolgen, die bisher ungelöst sind 112

XIV.4. Wochentagsberechnung
im Julianischen Kalender 114

XIV.5. Lösungen 116

XIV.6. Bibliographie 125

XIV.7. Wettbewerbe 127

XIV.8. Informationen zu Wettbewerben, Interviews... 127

Vorwort

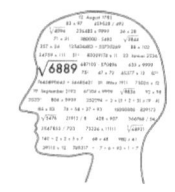

Mathematik und Musik sind die einzigen menschlichen Erfindungen, die eine universale Sprache hervorgebracht haben.

Wie wäre es, die Sprache der Mathematik ohne Lexikon zu sprechen? Willkommen beim Kopfrechnen!

Dieses Buch „*Mit kleinen Tricks groß beeindrucken*" bietet die Möglichkeit, diese sprachliche Schönheit der Zahlen anhand des Kopfrechnens kennenzulernen und mit zahlreichen Übungsaufgaben auszuprobieren.

Die Beschreibungen der Kopfrechentechniken sind weitestgehend kurzgehalten, so bekommen die Zahlen die Möglichkeit, selbst zu sprechen und sich zu entfalten. Hier und da kann zu Anfang ein großes Fragezeichen aufkommen, das vergeht wieder. Es folgt die Frage, die ich in meiner Kopfrechen-AG und in meinen Workshops immer wieder höre: „Warum lernen wir das nicht so in der Schule? Es ist viel leichter und schneller." Kopfrechentechniken nehmen meistens die Zahlen auseinander und bearbeiten sie in Teilen. Gewöhnen wir uns an, die Zahlen als Aneinanderreihung von Ziffern zu sehen, so sind sie für uns leichter händelbar. Nehmen wir zum Beispiel **462**, so nennen wir erst die Hunderterstelle **4**, gefolgt von der Einerstelle **2** und zum Schluss die Zehnerstelle **6**. Das ist ziemlich verwirrend, wir sprechen die Zahl anders aus als sie geschrieben wird. Wie können wir so zwei dreistellige Zahlen miteinander multiplizieren? Wenn wir die einzelnen Ziffern nehmen, so ist es kinderleicht *(Kreuzmultiplikation zweier dreistelliger Zahlen, Seite 26).*

An den Kreismeisterschaften von *Reken rechnet e.V.* lasse ich mittlerweile auch die anwesenden Lehrkräfte mitrechnen.

Ein Lehrer meinte nach den 30 Minuten Meisterschaft zu mir: „Puh, das war anstrengend. Das bin ich nicht gewohnt, aber es hat richtig viel Spaß gemacht.". Genau das möchte ich weitergeben: Rechnen macht Spaß!

Es ist ein gutes Gefühl, sich mental auszutoben. Sich einfach auf die Zahlen einlassen, sie genießen, sich treiben lassen, weitermachen und zum Ziel kommen. Unser Gehirn ist trainierbar, das merken wir schon nach den ersten Übungsaufgaben.

Ich habe von meiner Familie und von lieben Freunden viel Hilfe, Unterstützung, Mut und Rückenstärkung bekommen. Da sage ich ganz dick **DANKE**.

Jetzt viel Freude mit meinem Buch. Andere werden beeindruckt sein!

Mit kleinen Tricks groß beeindrucken
Kopfrechentechniken in Kurzform

Dinah Spring

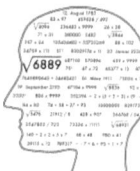

$$\sqrt{6889}$$

12. August 1783

83 x 97   459528 / 492

$\sqrt[3]{4096}$ 236483 x 9999   26 x 28

71 x 31   380000 - 5482 $\sqrt{3844}$

357 x 24   125434483 + 53735269   88 x 102

24759 x 111 51^2 83029174 x 11   23. Januar 2236

687102 - 570894   659 x 9999

75^2 47 x 72   45377 x 12 87^2

7645890642 + 34685421   01. März 1911   73026 x 12

19. September 2193   67104 x 9999 $\sqrt{8836}$ 92 x 98

3333^2 806 x 9999   252394 ☞ 2 x (5 + 2 + 3) x (9 - 4)

84 x 83   74 + 58 + 27 + 93   10000000 - 829173

$\sqrt{5476}$ 21912 / 8   428 x 907   366768 / 54

2547852 / 723   73326 x 11111 $\sqrt[3]{68921}$

140 = 2 x 2 x 5 x 7   68 x 48   980 x 41

39115 x 12   769317 ☞ - 7 + 6 + 93 + 1 + 7

I. Allgemeine Definitionen

Ziffer und Zahl
Eine *Ziffer* ist immer einstellig und kann die Werte im Dezimalsystem 0 bis 9 annehmen und ist Bestandteil einer Zahl. Eine *Zahl* besteht aus mindestens einer *Ziffer*.

Addition
Wir addieren mehrere *Summanden* zu einer *Summe*.
$$Summand + Summand = Summe$$

Subtraktion
Wir subtrahieren den *Subtrahenden* vom größeren *Minuenden* und erhalten so die *Differenz*.
$$Minuend - Subtrahend = Differenz$$

Multiplikation
Faktoren werden miteinander zu einem *Produkt* multipliziert.
$$Faktor \times Faktor = Produkt$$

Division
Wir dividieren den *Divisor* durch den *Dividenden* und erhalten so den *Quotienten*.
$$Dividend / Divisor = Quotient$$

Vedische Mathematik
Die vedische (altindische)Mathematik basiert auf 16 Regeln (Sutras), die das Rechnen erleichtern und beschleunigen.

Repdigits
Repdigits (*repeat digits* = wiederholende Ziffern) nennt man Zahlen, deren Ziffern alle identisch sind, auch bekannt als Schnapszahlen.

Basis und Exponent
Wir bezeichnen die Zahl, die potenziert werden soll, als *Basis*. Im Beispiel A^B ist A unsere *Basis* und B unser *Exponent*.

Mit kleinen Tricks groß beeindrucken
Kopfrechentechniken in Kurzform   Dinah Spring

Teilbarkeit

Über die 0, in Verbindung mit einer voran-
gestellten Ziffer, wissen wir, dass sie sowohl gerade
als auch durch jede andere natürliche Zahl teilbar ist.

Bruch

Die Zahl über dem Bruchstrich ist unser *Zähler*.
Unter dem Bruchstrich steht der *Nenner*.

$$\frac{Z\ddot{a}hler}{Nenner}$$

Bei *echten Brüchen* ist der *Zähler* kleiner als der *Nenner*. Ein
unechter Bruch ist das Gegenteil, hier ist der *Zähler* größer
als der *Nenner*. Ein *unechter Bruch* kann zu einem
gemischten Bruch, der aus einer ganzen Zahl und einem
echten Bruch besteht, umgewandelt werden.
Zähler und *Nenner* eines *ungekürzten Bruches* haben beim
Kürzen einen gemeinsamen Teiler. Bei einem *gekürzten
Bruch* haben sie keinen gemeinsamen Teiler.

Schaltjahr

Ein Schaltjahr ist durch 4 teilbar.
Ausnahme:
Ist das Jahr durch 100 teilbar, so muss es auch durch 400
teilbar sein, damit es ein Schaltjahr ist.

Gregorianischer Kalender

Unsere Kalender wurde von Papst Gregor XIII 1582 reformiert
und ist bis heute gültig.

Julianischer Kalender

Dieser Kalender wurde 45 v. Chr. von Julius Caesar
eingeführt und behielt seine Gültigkeit bis zur Kalenderreform
von Papst Gregor XIII im Oktober 1582. Im Gegensatz zum
gregorianischen Kalender ist im julianischen Kalender jedes
Jahr, das durch 4 teilbar ist, ein Schaltjahr, auch wenn es
durch 100 teilbar ist.

II. HECTOC

☞ eine Zahlenspielerei ☜

nach Yusnier Viera

Beispiel: **7 8 2 5 9 9**   7 8 25 99

☞ **(-7 + 8) ∧ 25 + 99** = 100

HECTOC ist eine Ziffernfolge aus sechs aneinander gereihten beliebigen Ziffern aus dem Zahlenraum von **1 bis 9**, deren Reihenfolge nicht verändert werden darf.

Aus diesen Ziffern errechnen wir mit Hilfe

der Grundrechenarten **+, -, x, /**,

der Potenzen **∧**,

der Klammersetzung **( )** und

der Vorzeichenänderung **+/-**

das Ergebnis von genau **<u>100</u>**.

Nebeneinanderliegende Ziffern dürfen zu Zahlen zusammengefasst werden.

Es gilt Punkt- vor Strichrechnung.

Es kann hilfreich sein, sich Gedanken zu machen, auf welchen verschiedenen Wegen man **<u>100</u>** errechnen kann.

$$4 \times 5 \times 5 = \underline{\mathbf{100}} \qquad 10 \times 10 = \underline{\mathbf{100}} \qquad 2 \times 50 = \underline{\mathbf{100}}$$

$$10\text{∧}2 = \underline{\mathbf{100}} \qquad 8 \times 12{,}5 = \underline{\mathbf{100}} \qquad \text{usw.}$$

Wichtig ist auch, dass Potenzen die Aufgaben nicht erschweren müssen, sondern durchaus erleichtern können. Zum Beispiel:

$$1\text{∧}(8+3) = 1 \qquad \text{oder} \qquad 4\text{∧}(7-7) = 4\text{∧}0 = 1 \text{ usw.}$$

Mit kleinen Tricks groß beeindrucken   Dinah Spring
Kopfrechentechniken in Kurzform

Es kommt vor, dass zu einer Ziffernfolge verschiedene Lösungswege gefunden werden können. Im Anhang befindet sich eine Übersicht über Ziffernreihenfolgen, für die bisher keine Lösung gefunden wurden.

Übungsaufgaben

419235 ☞ **4 x 1^9 x (2+3) x 5** _____

A)   255555 ☞ _____

B)   793512 ☞ _____

C)   532111 ☞ _____

D)   147999 ☞ _____

E)   888911 ☞ _____

F)   222123 ☞ _____

G)   437317 ☞ _____

H)   967833 ☞ _____

I)   939654 ☞ _____

J)   616899 ☞ _____

K)   885931 ☞ _____

L)   973374 ☞ _____

III. Addition

Beispiel: **173986 + 89251 = <u>263237</u>**

Für die Lösung der Additionsaufgaben unterteilen wir beide Summanden in mehrere zweistellige Paare. Diese werden einzeln addiert und die Summen nebeneinander geschrieben.
Ergeben sich Überträge, ist also eine Summe dreistellig, berücksichtigen wir diese bei dem nächsten Summenpaar.

Hier:
    17 39 86 + 8 92 51

Nun können wir die einzelnen Aufgaben paarweise lösen und die Ergebnisse einfach nebeneinander schreiben:

$$86 + 51 = \mathbf{137} \qquad\qquad \mathbf{37}$$

$$39 + 92 = \mathbf{131} \qquad \mathbf{31 + 1 = 32}$$

$$17 + 8 = \mathbf{25} \qquad \mathbf{25 + 1 = 26}$$

17 39 86 + 8 92 51 = **<u>26 32 37</u>**

Überträge bitte überall berücksichtigen!

Wenn ein Summand mehr Stellen hat als der andere, so wird der kleinere Summand mit vorangestellten Nullen aufgefüllt. Die Wertigkeit des Ergebnisses ändert sich dabei nicht.

Übungsaufgaben

A) $47 + 92 =$ _____

B) $376 + 37 =$ _____

C) $25 + 61 + 46 =$ _____

D) $17 + 67 + 34 + 39 =$ _____

E) $8337 + 895 =$ _____

F) $3741 + 802 =$ _____

G) $8253 + 1382 =$ _____

H) $43162 + 54225 =$ _____

I) $38224 + 91560 =$ _____

J) $85851 + 43096 =$ _____

K) $601829 + 57457 =$ _____

L) $210458 + 316478 =$ _____

M) $473043 + 244269 =$ _____

N) $872404 + 236803 =$ _____

O) $9231641 + 45418 =$ _____

P) $132454 + 2331425 =$ _____

Q) $7708506 + 3184208 =$ _____

IV. Subtraktion
IV.1. Subtraktion zweier Zahlen

1. Beispiel: **25426475 - 16364812 = <u>9061663</u>**

Subtraktionsaufgaben lösen wir, indem wir sowohl den Minuenden als auch den Subtrahenden in Paare aufteilen.

Die Subtraktion von zweistelligen Zahlen ist überschaubarer.

Hier:

25 42 64 75 - 16 36 48 12

Nun können wir die einzelnen Aufgaben paarweise lösen und die Ergebnisse (immer zweistellig) einfach nebeneinander aufschreiben:

75 - 12 = **63**

64 - 48 = **16**

42 - 36 = **06**

25 - 16 = **9**

25 42 64 75 - 16 36 48 12 = **<u>9 06 16 63</u>**

Ausnahme!
Wenn ein Teilergebnis negativ ist, verfahren wir wie folgt:

Die Differenz des vorangegangenen Paares subtrahieren wir um 1 und beim negativen Paar addieren wir 100.

2. Beispiel: **64371283 - 2548061 = <u>61823222</u>**

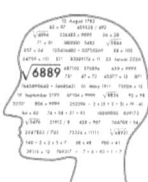

Hier:

$$83 - 61 = \textbf{22}$$
$$12 - 80 = \textbf{-68} \qquad \textbf{-68 + 100 = 32}$$
$$37 - (54 + 1) = \textbf{-18} \qquad \textbf{-18 + 100 = 82}$$
$$64 - (2 + 1) = \quad \textbf{61}$$

64 37 12 83 - 2 54 80 61 = **<u>61 82 32 22</u>**

Überträge bitte überall berücksichtigen!

<u>Übungsaufgaben</u>

A)   46 - 37 = _____

B)   869 - 452 = _____

C)   3474 - 151 = _____

D)   9427 - 7201 = _____

E)   88798 - 5082 = _____

F)   54684 - 23523 = _____

G) 524704 - 429086 = _____

H)   9120490 - 71898 = _____

I) 47286947 - 1583137 = _____

J) 50849082 - 26456231 = _____

IV.2. Subtraktion
vom Vielfachen einer Zehnerpotenz

1. Beispiel: **20000 - 397 = <u>19603</u>**

„Alle von 9 und die letzte von 10"
(„Nikhilam navatascaramam Dasatah") lautet die 2. Regel (Sutra) der *vedischen Mathematik.*
Hierbei handelt es sich um die Subtraktion natürlicher Zahlen von Vielfachen von Zehnerpotenzen ($a \times 10^n$).

Bedingung: Minuend > Subtrahend (ansonsten wird das Ergebnis negativ, dies werden wir in diesem Buch nicht behandeln.

Achtung!
Wir rechnen von links nach rechts.

Unser Ergebnis teilen wir in einen **linken (L)** und **rechten (R) Ergebnisteil**.

L   Dieser Teil sind die vorderen Ziffern des Minuenden, die über die Anzahl der Stellen des Subtrahenden hinaus gehen.
Wir subtrahieren 1 von dieser Zahl.

20000 hat 5 Stellen, 397 hat 3 Stellen, Differenz 2.
Die vorderen zwei Stellen von 20000 sind 20.

20 - 1 = **19**   **L = 19**

R   Dieser Teil hat so viele Stellen wie der Subtrahend.
Die Ziffern des Subtrahenden werden von links nach rechts jeweils von 9 subtrahiert und bei der letzten Ziffer wird die Differenz zu 10 gebildet. Die einzelnen Ergebnisse schreiben wir hintereinander.

$$9 - 3 = \mathbf{6} \qquad 9 - 9 = \mathbf{0} \qquad 10 - 7 = \mathbf{3}$$

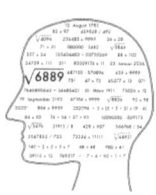

R = 603

$$2000 - 397 = \underline{\mathbf{19\ 603}}$$

2. Beispiel: **680000 - 420 = <u>679580</u>**

L   680 - 1 = <u>**679**</u>

R   Zunächst verfahren wir wie oben. Wir bilden die Differenz zu 9 jetzt mit der Ausnahme - unser Subtrahend endet auf 0 - unsere Stelle vor der 0 ist diejenige, mit der wir die Differenz zu 10 bilden.

$$9 - 4 = \mathbf{5} \quad 10 - 2 = \mathbf{8} \qquad 0 - 0 = \mathbf{0} \qquad \mathbf{R = 580}$$

$$680000 - 420 = \underline{\mathbf{679\ 580}}$$

<u>Übungsaufgaben</u>

A)   100 - 57   = _____

B)   1000 - 204 = _____

C)   1000 - 449 = _____

D)   25000 - 67   = _____

E)   30000 - 5321 = _____

F)   760000 - 567 = _____

G)   140000 - 9839 = _____

H)   100000 - 84905 = _____

Übungsaufgaben Teil I

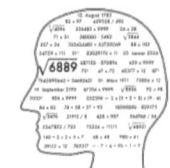

Hectoc

01)   1 7 1 5 6 9 ☞ _____

02)   6 2 5 9 8 5 ☞ _____

03)   2 5 3 7 8 8 ☞ _____

04)   5 9 8 2 5 8 ☞ _____

05)   2 3 2 1 6 8 ☞ _____

06)   1 7 2 6 7 6 ☞ _____

07)   9 3 3 7 3 9 ☞ _____

08)   4 3 2 6 8 1 ☞ _____

09)   8 4 7 4 2 8 ☞ _____

10)   7 3 4 5 2 1 ☞ _____

11)   5 6 6 3 1 7 ☞ _____

Addition

12) $1260 + 652 =$ _____

13) $4153 + 4524 =$ _____

14) $85439 + 52132 =$ _____

Mit kleinen Tricks groß beeindrucken
Kopfrechentechniken in Kurzform

Dinah Spring

15)   963895 + 702418 = _____

16)   847442 + 423829 = _____

17) 6935824 + 7893721 = _____

Subtraktion

18)   7182 - 4707 = _____

19)   7853 - 2641 = _____

20)   89656 - 3428 = _____

21)   98158 - 27628 = _____

22)   51657 - 48651 = _____

23)   454425 - 30125 = _____

24)   589465 - 340252 = _____

25)   733829 - 591422 = _____

26) 3071865 - 2446031 = _____

27)   5189723 - 41758 = _____

28) 7463125 - 6034257 = _____

29)   600000 - 8192 = _____

30)   550000 - 6382 = _____

31)   2840000 - 845 = _____

V. Multiplikation
V.1. Multiplikation zweistelliger Zahlen nach der Methode „Kreuzmultiplikation"

Beispiel: **12 x 34 = <u>408</u>**

Denkansatz:

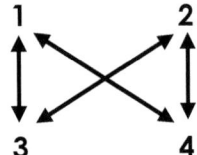

Die **Einerstelle** erhalten wir durch Multiplikation der Einerstellen der beiden Faktoren.

Die **Zehnerstelle** rechnen wir „über Kreuz", d. h. jeweils die Zehnerstelle der gegebenen Zahlen multiplizieren wir mit der Einerstelle der anderen Zahl und addieren die beiden Produkte unter Berücksichtigung des Übertrags aus der Berechnung der Einerstelle.

Die **Hunderterstelle** ergibt sich durch Multiplikation der gegebenen Zehnerstellen und der Addition des Übertrages aus der Berechnung der Zehnerstelle.

Einerstelle: $\quad$ 2 x 4
Zehnerstelle: $\quad$ 1 x 4 + 2 x 3
Hunderterstelle: $\quad$ 1 x 3

Rechenweg:

1 x 3	1 x 4 + 2 x 3	2 x 4
3	4 + 6	**8**
3	10	**8**
3 + 1	**0**	**8**
4	**0**	**8**

12 x 34 = **4 0 8**

Hinweis:

Wenn ein Faktor mehr Stellen hat als der andere, so
wird der kleinere Faktor mit vorangestellten Nullen aufgefüllt.

Übungsaufgaben

A)   7 x 23 = _____

B)   4 x 92 = _____

C) 28 x 6 = _____

D) 83 x 34 = _____

E) 51 x 13 = _____

F) 64 x 69 = _____

G) 88 x 42 = _____

H) 29 x 75 = _____

I)   62 x 18 = _____

J)   97 x 54 = _____

K)   11 x 99 = _____

L)   44 x 81 = _____

M) 26 x 57 = _____

O) 78 x 39 = _____

V.2. Kreuzmultiplikation zweier dreistelliger Zahlen

Beispiel: **123 x 456 = <u>56088</u>**

<u>Denkansatz:</u>

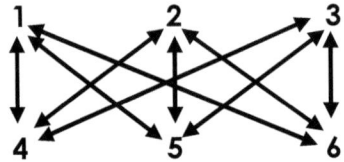

Für die **Einerstelle** multiplizieren wir die Einerstellen der Faktoren.

Die **Zehnerstelle** rechnen wir „über Kreuz", d. h. jeweils die Zehnerstelle der gegebenen Zahlen multiplizieren wir mit der Einerstelle der jeweils anderen Zahl und addieren diese beiden Produkte.
Den Übertrag aus der Einerstellenberechnung addieren wir ebenfalls.

Die **Hunderterstelle** bekommen wir durch Multiplikation der gegebenen Hunderterstellen mit jeweils der Einerstelle des anderen Faktors. Hierzu addieren wir das Produkt der beiden Zehnerstellen und des Übertrages aus der Zehnerstellenberechnung.

Die **Tausenderstelle** besteht aus der Multiplikation der Hunderter- und der Zehnerstelle des anderen Faktors und aus der Addition des Übertrags aus der Hunderterstellenberechnung.

Die **Zehntausenderstelle** errechnen wir durch Multiplikation der beiden gegebenen Hunderterstellen und der Addition des Übertrags.

Überträge bitte überall berücksichtigen, auch die Überträge aus den Rechenoperationen der einzelnen Ergebnisstellen!

Diese Methode kann man auch für größere Zahlen anwenden. Wir werden aufgrund der Komplexität hierauf aber verzichten.

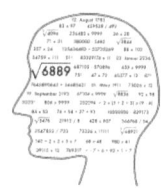

Rechenweg:

1×4	$1 \times 5 + 2 \times 4$	$1 \times 6 + 2 \times 5 + 4 \times 3$	$2 \times 6 + 5 \times 3$	3×6
4	5 + 8	6 + 10 + 12	12 + 15	18
4	13	28	27	18
4	13	28	27 + 1	8
4	13	28	28	8
4	13	28 + 2	8	8
4	13	30	8	8
4	13 + 3	0	8	8
4	16	0	8	8
4 + 1	6	0	8	8
5	6	0	8	8

$123 \times 456 = \mathbf{56088}$

Übungsaufgaben

A) 28×312 = _____

B) 423×64 = _____

C) 324×321 = _____

D) 127×232 = _____

E) 374×473 = _____

F) 455×544 = _____

G) 672×389 = _____

V.3. Multiplikation zweistelliger Zahlen mit gleichen Zehnerstellen

Beispiel: **74 x 79 = <u>5846</u>**

Wir rechnen von rechts nach links.

A) Wir multiplizieren die **Einerstellen** und notieren von diesem Produkt die Einerstelle. Die Zehnerstelle berücksichtigen wir im nächsten Schritt als Übertrag.

$4 \times 9 = 3\mathbf{6}$

B) Wir addieren die **Einerstellen** und multiplizieren die Summe mit der **Zehnerstelle** eines Faktors. Zu diesem Produkt addieren wir den aus A) entstandenen Übertrag.

$4 + 9 = 13$ $13 \times 7 = 91$ $91 + 3 = 9\mathbf{4}$

C) Wir multiplizieren die **Zehnerstellen** und addieren zu diesem Produkt den Übertrag aus Schritt B).

$7 \times 7 = 49$ $49 + 9 = \mathbf{58}$

$74 \times 79 = \underline{\mathbf{58\ 4\ 6}}$

Übungsaufgaben

A) 34 x 38 = _____

B) 61 x 69 = _____

C) 87 x 83 = _____

D) 22 x 23 = _____

E) 97 x 96 = _____

Mit kleinen Tricks groß beeindrucken
Kopfrechentechniken in Kurzform

Dinah Spring

V.4. Multiplikation zweistelliger Zahlen, deren Einerstellen gleich sind und deren Zehnerstellen addiert 10 ergeben

Beispiel: **43 x 63 = 2709**

Wir rechnen von links nach rechts.

L Die Zehnerstellen werden multipliziert.
Das hieraus errechnete Produkt addieren wir mit einer
Einerstelle (die Einerstellen sind gleich).

$4 \times 6 + 3 = $ **27**

R Wir multiplizieren die Einerstellen miteinander.
Das Produkt notieren wir zweistellig.

$3 \times 3 = $ **09**

$43 \times 63 = $ **27 09**

Übungsaufgaben

A) 31 x 71 = _____

B) 86 x 26 = _____

C) 49 x 69 = _____

D) 53 x 53 = _____

E) 14 x 94 = _____

F) 28 x 88 = _____

G) 52 x 52 = _____

V.5. Multiplikation zweier Zahlen „einer mehr als der davor"

Vedische Mathematik

Beispiel: **2099 x 2001 = <u>4200099</u>**

Diese Regel können wir nur anwenden, wenn die erste(n) Stelle(n) gleich ist (sind) und die jeweils letzten Ziffern miteinander addiert eine Zehnerpotenz ergeben.

Diese Methode ist ebenfalls für größere Zahlen geeignet.

<u>Rechenweg:</u>

Wir rechnen von links nach rechts.

L Für diesen Teil nehmen wir die vorderen identischen Ziffern der beiden Faktoren. Die erste(n) Stelle(n) multiplizieren wir so miteinander, dass der eine Faktor so bleibt und der andere Faktor um 1 erhöht wird („*einer mehr als der davor*").

n x (n+1)

20 x (20+1) = **420**

Das hieraus resultierende Produkt bildet den linken und damit ersten Teil des Ergebnisses.

R Wir multiplizieren jetzt die letzten Ziffern, die zusammen addiert eine Zehnerpotenz bilden.

99 x 01   = **0099**

Dieses Produkt bildet den rechten Teil des gesuchten Ergebnisses und hat so viele Stellen, wie unsere Faktoren in diesem Schritt addiert.

Beide Teilergebnisse schreiben wir nebeneinander auf, sie bilden das gesuchte Produkt.

2099 x 2001 = **420 0099**

Übungsaufgaben

A)   63 x 67   = _____

B)   71 x 79   = _____

C)   22 x 28   = _____

D)   546 x 554 = _____

E)   907 x 903 = _____

F)   710 x 790 = _____

G)   402 x 498 = _____

H)   605 x 605 = _____

I)   9999 x 9991 = _____

J)   209 x 201 = _____

K)   1008 x 1002 = _____

L)   394 x 306 = _____

M)   860 x 840 = _____

N)   9077 x 9023 = _____

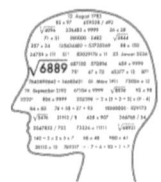

V.6. Multiplikation zweier Zahlen in der Nähe von Zehnerpotenzen Teil I

Beispiel: **89 x 72 = <u>6408</u>**

<u>Denkansatz:</u>

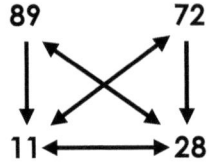

Wir wenden hier die vedische Regel: „*vertikal und kreuzweise*" an.

vertikal
Wir ermitteln den Abstand zur nächsten Zehnerpotenz.

 100 - 89 = **11**
 100 - 72 = **28**

Unser Ergebnis berechnen wir in zwei Teilen.

R Für den rechten Ergebnisteil multiplizieren wir unsere beiden Abstände aus der Berechnung *vertikal*. Wir notieren immer so viele Ziffern (08), wie unsere Zehnerpotenz Nullen hat. Überzählige Stellen bilden unseren Übertrag (3) für **L**.

 11 x 28 = 3**08**

L Jetzt gehen wir *kreuzweise* vor und bilden die Differenz zwischen dem ersten Faktor (89) und dem Abstand des zweiten Faktors zur nächsten Zehnerpotenz (28). Hierzu addieren wir den möglichen Übertrag aus **R** (3).

 89 - 28 + 3 = 61 + 3 = **64**

Jetzt fügen wir **L** und **R** zusammen und erhalten
unser Ergebnis.

89 x 72 = **64 08**

Vereinfachung im Sonderfall:
Wenn die Bedingungen stimmen, vereinfachen folgende
Techniken die Lösung der Aufgabe:
☞ *Multiplikation zweistelliger Zahlen*
   mit gleichen Zehnerstellen (Seite 28)
☞ *Multiplikation zweistelliger Zahlen,*
   deren Einerstellen gleich sind und
   deren Zehnerstellen addiert 10 ergeben (Seite 29)
☞ *Multiplikation zweier Zahlen*
   „einer mehr als der davor"(Seite 30)

Übungsaufgaben

A)   94 x 98 = _____

B)   92 x 93 = _____

C)   81 x 91 = _____

D)   89 x 97 = _____

E)   95 x 86 = _____

F)   992 x 989 = _____

G)   985 x 997 = _____

H)   992 x 991 = _____

I)   984 x 989 = _____

J)   9998 x 9988 = _____

V.7. Multiplikation zweier Zahlen in der Nähe von Zehnerpotenzen Teil II

Beispiel: **97 x 102 = <u>9894</u>**

<u>Denkansatz:</u>

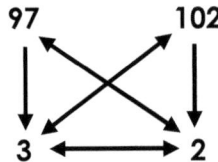

Wir wenden hier die vedische Regel: „*vertikal und kreuzweise*" an.

vertikal
Wir ermitteln den Abstand zur nächsten Zehnerpotenz.

$$100 - 97 = \textbf{3}$$
$$102 - 100 = \textbf{2}$$

Unser Ergebnis berechnen wir in folgenden Schritten:

A) In diesem Schritt multiplizieren wir unsere beiden Abstände aus der Berechnung *vertikal*. Wir notieren immer so viele Ziffern (6), wie unsere Zehnerpotenz Nullen hat.

$$3 \times 2 = \textbf{6}$$

B) Jetzt gehen wir *kreuzweise* vor und bilden die Summe aus dem ersten Faktor (97) und dem Abstand des zweiten Faktors zur nächsten Zehnerpotenz (2).

$$97 + 2 = 99$$

C) Wir multiplizieren unser Ergebnis aus **B)** mit unserer Zehnerpotenz (100) und subtrahieren hiervon unser Ergebnis aus **A)**.

99 x 100 - 6 = 9900 - 6 = **9894**

97 x 102 = **98 94**

Übungsaufgaben

A)   91 x 109 = _____

B)   97 x 113 = _____

C)   102 x 94 = _____

D)   109 x 97 = _____

E)   95 x 106 = _____

F)   118 x 93 = _____

G)   98 x 107 = _____

H)   1001 x 994 = _____

I)   989 x 1004 = _____

J)   1010 x 990 = _____

K)   972 x 1005 = _____

L)   994 x 1011 = _____

M) 10022 x 9992 = _____

O) 10013 x 9998 = _____

P)   10009 x 9994 = _____

V.8. Multiplikation zweier Zahlen in der Nähe von Zehnerpotenzen Teil III

Beispiel: **102 x 108 = <u>11016</u>**

Denkansatz:

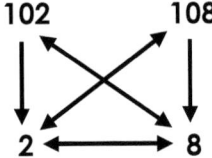

Wir wenden hier die vedische Regel: „*vertikal und kreuzweise*" an.

vertikal
Wir ermitteln den Abstand zur nächsten Zehnerpotenz.

$$102 - 100 = \textbf{2}$$
$$108 - 100 = \textbf{8}$$

Unser Ergebnis berechnen wir in zwei Teilen.

R   Für den rechten Ergebnisteil multiplizieren wir unsere beiden Abstände aus der Berechnung *vertikal*. Wir notieren immer so viele Ziffern (16), wie unsere Zehnerpotenz Nullen hat. Überzählige Stellen bilden unseren Übertrag für **L**. In diesem Fall haben wir keinen Übertrag.

$$2 \times 8 = \textbf{16}$$

L   Jetzt gehen wir *kreuzweise* vor und bilden die Summe aus dem ersten Faktor (102) und dem Abstand des zweiten Faktors zur nächsten Zehnerpotenz (8). Hierzu addieren wir den möglichen Übertrag aus **R**.

$$102 + 8 = \textbf{110}$$

Mit kleinen Tricks groß beeindrucken
Kopfrechentechniken in Kurzform   Dinah Spring

Jetzt fügen wir **L** und **R** zusammen und erhalten unser Ergebnis.

102 x 108 = **110 16**

Vereinfachung im Sonderfall:
Wenn die Bedingungen stimmen, vereinfachen folgende Techniken die Lösung der Aufgabe:

☞ *Multiplikation zweistelliger Zahlen*
   mit gleichen Zehnerstellen (Seite 28)

☞ *Multiplikation zweistelliger Zahlen,*
   deren Einerstellen gleich sind und
   deren Zehnerstellen addiert 10 ergeben (Seite 29)

☞ Multiplikation zweier Zahlen
   „einer mehr als der davor" (Seite 30)

<u>Übungsaufgaben</u>

A)   111 x 102 = _____

B)   108 x 109 = _____

C)   120 x 116 = _____

D)   115 x 104 = _____

E)   109 x 122 = _____

F)   118 x 103 = _____

G)   109 x 107 = _____

H) 1017 x 1012 = _____

I)   1014 x 1006 = _____

V.9.   Multiplikation mit der Zahl 11

Beispiel: **4862 x 11 = 53482**

Wir rechnen von rechts nach links, Ziffer für Ziffer.

Die letzte Ziffer des von **11** verschiedenen Faktors wird die letzte Ziffer unseres Ergebnisses.

Hier: die **2** können wir ganz rechts aufschreiben.

Die restlichen Ziffern unseres Ergebnisses errechnen wir jeweils durch Addition der nachfolgenden mit der vorangehenden Ziffer.

Wir addieren unsere letzte Ziffer mit der Ziffer vor ihr, hier 2 + 6. Im nächsten Schritt addieren wir die 6 mit der nächsten Ziffer, hier der 8, also 6 + 8. Dies führen wir so lange fort, bis wir bei der vordersten Stelle des von 11 verschiedenen Faktors angekommen sind. Wir übernehmen diese einfach. Bei jedem Schritt müssen wir den Übertrag aus dem vorherigen Schritt jeweils berücksichtigen.

<u>Rechenweg</u>:

4	4 + 8	8 + 6	6 + 2	**2**
4	12	1**4**	**8**	**2**
4	12 + 1	**4**	**8**	**2**
4	13	**4**	**8**	**2**
4 + 1	**3**	**4**	**8**	**2**
5	**3**	**4**	**8**	**2**

4862 x 11 = **5 3 4 8 2**

Beispielformel (hier mit sechsstelligem Faktor):

abcdef x 11 = a (a+b) (b+c) (c+d) (d+e) (e+f) f

Überträge bitte überall berücksichtigen, auch die Überträge aus den Rechenoperationen der einzelnen Ergebnisstellen!

Übungsaufgaben

A)   42 x 11 = _____

B)   513 x 11 = _____

C)   3425 x 11 = _____

D)   6826 x 11 = _____

E)   900002 x 11 = _____

F)   23547 x 11 = _____

G)   1234567 x 11 = _____

H)   7631938 x 11 = _____

I)   563728 x 11 = _____

J)   4403928 x 11 = _____

K) 18171615 x 11 = _____

L)   7536354 x 11 = _____

M) 36523250 x 11 = _____

V.10. Multiplikation mit der Zahl 12

Beispiel: 384 x 12 = <u>**4608**</u>

Für die Rechenschritte benötigen wir jeweils die Ziffern des von 12 verschiedenen Faktors.

Unsere Einerstelle des von 12 verschiedenen Faktors verdoppeln wir. Jetzt verdoppeln wir die davorstehende Ziffer und addieren die einfache Einerstelle dazu. Wir rechnen so weiter, bis wir bei der vordersten Stelle angekommen sind. Wir übernehmen diese einfach. Bei jedem Schritt müssen wir den Übertrag aus dem vorherigen Schritt jeweils berücksichtigen.

<u>Rechenweg</u>:

3	3 x 2 + 8	8 x 2 + 4	4 x 2
3	6 + 8	16 + 4	**8**
3	14	20	**8**
3	14 + 2	**0**	**8**
3	16	**0**	**8**
3	**6**	**0**	**8**
3 + 1	**6**	**0**	**8**
4	**6**	**0**	**8**

384 x 12 = **4 6 0 8**

Beispielformel (hier mit sechsstelligem Faktor):

abcd x 12 =   a   (a x 2 + b)   (b x 2 + c)   (c x 2 + d)   (d x 2)

Überträge bitte überall berücksichtigen, auch die Überträge aus den Rechenoperationen der einzelnen Ergebnisstellen!

Übungsaufgaben

A) $143 \times 12 =$ _____

B) $2314 \times 12 =$ _____

C) $5012 \times 12 =$ _____

D) $92835 \times 12 =$ _____

E) $3157 \times 12 =$ _____

F) $44822 \times 12 =$ _____

G) $909098 \times 12 =$ _____

H) $7280 \times 12 =$ _____

I) $5736 \times 12 =$ _____

J) $669321 \times 12 =$ _____

K) $25321 \times 12 =$ _____

L) $38224 \times 12 =$ _____

M) $864420 \times 12 =$ _____

N) $771109 \times 12 =$ _____

O) $1234567890 \times 12 =$ _____

P) $9987 \times 12 =$ _____

Q) $43704 \times 12 =$ _____

V.11. Multiplikation mit Repdigits von 1

Repdigits (*repeat digits = wiederholende Ziffern*) nennt man Zahlen, deren Ziffern alle identisch sind.

Beispiel: **4825 x 111 = <u>535575</u>**

Diese Technik ist eine Verallgemeinerung der Multiplikation mit der Zahl 11.

Bei der Multiplikation mit der Zahl 11 werden jeweils zwei Ziffern addiert, weil 11 aus zwei Ziffern besteht. Bei Repdigits werden so viele Ziffern miteinander addiert, wie unser Repdigitfaktor hat.

Wir beginnen von rechts nach links und addieren in jedem Schritt so viele Stellen wie unser Repdigitfaktor hat. Wir beginnen nur mit der Einerstelle. Nach jedem Schritt bewegen wir uns um eine Stelle nach links. Wir enden, bis wir nur noch unsere letzte Ziffer übrig haben. Sollten wir in einem Schritt weniger Stellen für die Addition zur Verfügung haben, als unser Repdigitfaktor Stellen hat, so denken wir uns Nullen vor und nach dem vom Repdigit verschiedenen Faktor. Dies passiert am Anfang und am Ende unseres Rechenweges.

Bei jedem Schritt müssen wir den Übertrag des vorangegangenen Schrittes berücksichtigen.

<u>Rechenweg</u>:

0+0+4	0+4+8	4+8+2	8+2+5	2+5+0	5+0+0
4	12	14	15	7	5
4	12	14 + 1	5	7	5
4	12 + 1	5	5	7	5
4 + 1	3	5	5	7	5
5	3	5	5	7	5

Mit kleinen Tricks groß beeindrucken Kopfrechentechniken in Kurzform   Dinah Spring

4825 x 111 = **5 3 5 5 7 5**

Beispielformel (hier mit zweistelligem Faktor und dreistelligem Repdigit):

ab x 111 =   0+0+a   0+a+b   a+b+0   b+0+0

Übungsaufgaben

A)   2363 x 111 = _____

B)   9142 x 1111 = _____

C)   92716 x 1111 = _____

D)   46321 x 111 = _____

E)   33622 x 111 = _____

F)   908070605 x 1111 = _____

G)   1123 x 111 = _____

H)   24894 x 111 = _____

I)   48290 x 111 = _____

J)   54321 x 1111 = _____

K)   600500412 x 1111 = _____

L)   72 x 1111 = _____

M)   396 x 1111 = _____

N)   74547 x 1111 = _____

V.12. Multiplikation mit Repdigits von 9
Teil I

Beide Faktoren haben die gleiche Anzahl an Stellen.

Beispiel: **243 x 999 = <u>242757</u>**

Zur Vereinfachung nennen wir unseren vom Repdigit verschiedenen Faktor **Z**. Dies werden wir ebenso in den Teilen II und III machen.

Hier: **Z = 243**

Das Ergebnis unterteilen wir in folgende zwei Teile:

L Wir subtrahieren 1 von **Z**.
243 - 1 = **242**

R Wir subtrahieren **Z** von der nächstgrößeren Zehnerpotenz, hier 1000.
1000 - 243 = **757**

Um hier das Ergebnis möglichst schnell und einfach zu errechnen, wenden wir für **R** die Regel *der vedischen Mathematik „alle von 9 und die letzte von 10"* (Seite 20) an.

Hier:
9 - 2 = **7**

9 - 4 = **5**

10 - 3 = **7**

Jetzt setzen wir **L** und **R** zusammen und erhalten das Ergebnis.

243 x 999 = **<u>242 757</u>**

Übungsaufgaben

A)   53 x 99 = _____

B)   224 x 999 = _____

C)   99 x 96 = _____

D)   753 x 999 = _____

E)   9999 x 2464 = _____

F)   3578 x 9999 = _____

G)   54683 x 99999 = _____

H)   93756 x 99999 = _____

I)   346 x 999 = _____

J)   9999 x 8942 = _____

K)   74870 x 99999 = _____

L)   60600 x 99999 = _____

M)   4261 x 9999 = _____

N)   123443 x 999999 = _____

O)   99999 x 50001 = _____

P)   372 x 999 = _____

Q)   68247 x 99999 = _____

V.13. Multiplikation mit Repdigits von 9
Teil II

Der Repdigitfaktor hat mehr Stellen als der andere Faktor.

1. Beispiel: **243 x 9999 = 2429757**

Z = 243   (siehe Teil I)

Wir errechnen das Ergebnis wieder in zwei Teilen, **L** und **R**.

L   Wir subtrahieren 1 von **Z**.
       243 - 1 = **242**

R   Für **R** wenden wir wieder die *vedische* Regel *„alle von 9
       und die letzte von 10"* an. Als Zehnerpotenz nehmen wir
       die nächstgrößere Zehnerpotenz von **Z**, hier 1000.
       1000 - 243 = **757**   bzw. 999 - **L** = **757**

Das Ergebnis wird zwischen **L** und **R** mit zusätzlichen 9en
aufgefüllt. Diese zusätzlichen 9en ermitteln wir aus der
Differenz der Stellen beider Faktoren.
Hier schreiben wir nur eine zusätzliche **9**, weil unser Repdigit
vier Stellen und **Z** drei Stellen hat.

243 x 9999 = **242 9 757**

2. Beispiel: **5874 x 999999 = 5873994126**

Z = 5874

L   **Z** -1 =   874 - 1   = **5873**
R   10000 - **Z** = 10000 - 5874 = **4126**

Zusätzliche 9en: 2

5874 x 999999 = **5873 99 4126**

Übungsaufgaben

A)   38 x 999 = _____

B)   9384 x 99999 = _____

C)   9999 x 80 = _____

D)   4532 x 999999 = _____

E)   17 x 99999 = _____

F)   99999 x 646 = _____

G)   77001 x 9999999 = _____

H)   46 x 99999 = _____

I)   505 x 99999 = _____

J)   9999 x 987 = _____

K)   999999 x 22 = _____

L)   71 x 9999 = _____

M)   5647 x 99999 = _____

N)   11 x 9999999 = _____

O)   9999 x 999999 = _____

P)   870601 x 9999999 = _____

Q)   9999 x 365 = _____

V.14. Multiplikation mit Repdigits von 9
Teil III

Wenn der von dem Repdigit verschiedenen Faktor mehr Stellen als der Repdigitfaktor hat, wird wie folgt vorgegangen:

1. Beispiel: **243 x 99 = <u>24057</u>**

Z = 243   (siehe Teil I)

Z unterteilen wir in Z_1 und Z_2. Z_2 hat die gleiche Stellenanzahl wie unser Repdigit und besteht aus den letzten Ziffern von **Z**, hier Z_2 **= 43**. Z_1 sind die übrigen vorangestellten Stellen von **Z**, hier Z_1 **= 2**.

L   Wir subtrahieren Z_1 von **Z** und zusätzlich 1.

$Z - Z_1 - 1 = 243 - 2 - 1 =$ **240**

R Z_2 subtrahieren wir von der nächstgrößeren Zehnerpotenz von Z_2, hier 100.

$100 - Z_2 = 100 - 43 =$ **57**

243 x 99 = **<u>240 57</u>**

2. Beispiel: **48182 x 999 = <u>48133818</u>**

Z = 48182 Z_1 **= 48** Z_2 **= 182**

L $Z - Z_1 - 1 = 48182 - 48 - 1 =$ **48133**

R $1000 - Z_2 =$ $1000 - 182$ **= 818**

48182 x 999 = **<u>48133 818</u>**

Übungsaufgaben

A) 132×99 = _____

B) 346×99 = _____

C) 449×99 = _____

D) 99×120 = _____

E) 9525×999 = _____

F) 2357×999 = _____

G) 999×5344 = _____

H) 6634×999 = _____

I) 29857×999 = _____

J) 99×4002 = _____

K) 123445×999 = _____

L) 7733×99 = _____

M) 45701×999 = _____

N) 309920×9999 = _____

O) 99×2644883 = _____

P) 21086709×9999 = _____

Q) 8745642×999 = _____

Übungsaufgaben Teil II

Multiplikation

01) 48×35 = _____

02) 74×76 = _____

03) 999×949 = _____

04) 12×7413 = _____

05) 92×94 = _____

06) 5723×99 = _____

07) 12×1037 = _____

08) 87×84 = _____

09) 121×104 = _____

10) 726×822 = _____

11) 42×48 = _____

12) 96×87 = _____

13) 356×1111 = _____

14) 2610×12 = _____

15) 117×97 = _____

16) 11×3087 = _____

Mit kleinen Tricks groß beeindrucken
Kopfrechentechniken in Kurzform

Dinah Spring

17) 116 x 103 = _____

18) 33 x 51 = _____

19) 91 x 108 = _____

20) 64 x 66 = _____

21) 581 x 12 = _____

22) 29 x 81 = _____

23) 113 x 96 = _____

24) 11 x 4807 = _____

25) 562 x 819 = _____

26) 247 x 634 = _____

27) 595 x 447 = _____

28) 12 x 78723 = _____

29) 69 x 9999 = _____

30) 108 x 87 = _____

31) 3081 x 4019 = _____

32) 114 x 107 = _____

33) 88 x 96 = _____

34) 9878 x 11 = _____

VI. Division
VI.1. Division aufgehend
und mit einstelligem Divisor

Beispiel: **241682 / 7 = <u>34526</u>**

<u>Rechenweg</u>:

Wir rechnen von links nach rechts und Stelle für Stelle.

Unsere Aufgabe teilen wir in Arbeitsschritte auf. In jedem Schritt wird eine Stelle unseres Ergebnisses berechnet.

Die im Folgenden angegebenen Zahlen dienen als Beispiel für den ersten Schleifendurchgang.

A) Im ersten Schritt nehmen wir von links so viele Stellen unseres Dividenden (24), sodass das nächstkleinere Vielfache (21 = 7 x 3) unseres Divisors nicht 0 ist. Als Teilergebnis notieren wir uns den anderen Faktor (3) unseres Vielfachen.

B) Wir bilden die Differenz dieses Vielfachen zu unserem Teildividenden (24 - 21 = 3).

C) Diese Differenz wird mit der nächsten Ziffer unseres Dividenden (1) ergänzt zu 31. Gibt es keine nächste Stelle unseres Dividenden, so sind wir mit der Aufgabe fertig.

D) Jetzt bilden wir wieder das nächstkleinere Vielfache unseres Divisors (28 = 4 x 7) ausgehend von unserem neuen Teildividenden (31). Hierbei kann durchaus 0 das nächstkleinere Vielfache sein. Wir notieren die 4 und verfahren weiter mit Schritt **B)**.

Als Überprüfung dient, dass unsere letzte Differenz aus Schritt **B)** 0 ergeben muss.

Unsere Technik ist wie bei der schriftlichen Division, wir führen sie nur im Kopf aus.

Unser Rechenweg sieht wie folgt aus:

$$241682 / 7 = \mathbf{34526}$$

-21	**3** x 7
31	
-28	**4** x 7
36	
-35	**5** x 7
18	
-14	**2** x 7
42	
-42	**6** x 7
0	

Übungsaufgaben

A)   3934 / 7 = _____

B)   3888 / 4 = _____

C)   97068 / 2 = _____

D)   54432 / 9 = _____

E)   59112 / 8 = _____

F)   33282 / 6 = _____

G)   147579 / 3 = _____

H)   182710 / 5 = _____

I)   563112 / 8 = _____

VI.2. Division aufgehend
mit zweistelligem Divisor

Beispiel: **92502 / 27 = <u>3426</u>**

<u>Rechenweg</u>:

Die aufgehende Division mit zweistelligem Divisor berechnen wir analog zur aufgehenden Division mit einstelligem Divisor (Seite 52).

Wir rechnen von links nach rechts und Stelle für Stelle.

Unsere Aufgabe teilen wir in Arbeitsschritte auf. In jedem Schritt wird eine Stelle unseres Ergebnisses berechnet.

Die im Folgenden angegebenen Zahlen dienen als Beispiel für den ersten Schleifendurchgang.

A) Im ersten Schritt nehmen wir von links so viele Stellen unseres Dividenden (92), sodass das nächstkleinere Vielfache (81 = 3 x 27) unseres Divisors nicht 0 ist. Als Teilergebnis notieren wir uns den anderen Faktor (3) unseres Vielfachen.

B) Wir bilden die Differenz dieses Vielfachen zu unserem Teildividenden (92 - 81 = 11).

C) Diese Differenz wird mit der nächsten Ziffer unseres Dividenden (5) ergänzt zu 115. Gibt es keine nächste Stelle unseres Dividenden, so sind wir mit der Aufgabe fertig.

D) Jetzt bilden wir wieder das nächstkleinere Vielfache unseres Divisors (108 = 4 x 27) ausgehend von unserem neuen Teildividenden (115). Hierbei kann durchaus 0 das nächstkleinere Vielfache sein. Wir notieren die 4 und verfahren weiter mit Schritt **B)**.

Als Überprüfung dient, dass unsere letzte Differenz aus Schritt **B)** 0 ergeben muss.

Unser Rechenweg sieht wie folgt aus:

$$92502 / 27 = \underline{\mathbf{3426}}$$

-81	$\mathbf{3} \times 27$
115	
-108	$\mathbf{4} \times 27$
70	
-54	$\mathbf{2} \times 27$
162	
-162	$\mathbf{6} \times 27$
0	

Übungsaufgaben

A) $812 / 14 = $ _____

B) $8988 / 21 = $ _____

C) $12834 / 62 = $ _____

D) $14949 / 33 = $ _____

E) $10353 / 17 = $ _____

F) $25725 / 49 = $ _____

G) $92664 / 99 = $ _____

H) $20928 / 24 = $ _____

I) $18760 / 56 = $ _____

J) $172446 / 82 = $ _____

VI.3. Division aufgehend mit dreistelligem Divisor

1. Beispiel: **3776554 / 437 = <u>8642</u>**

Rechenweg:

Wir rechnen von links nach rechts.

Von unserem Divisor trennen wir die vorderen beiden Stellen ab. Mit diesem Teil führen wir die Division so durch, wie in den vorangegangenen Kapiteln, mit der Ausnahme, dass wir nach jedem Schritt **C)** die Multiplikation von unserer letzten Stelle des Divisors und der letzten Stelle unseres bisherigen Ergebnisses von unserem Teildividenden subtrahieren.

Unsere Rechnung sieht folgendermaßen aus:

```
3776554 / 43 7 = 8642
-344          8 x 43
 336
 -56          7 x 8
 280
-258          6 x 43
 225
 -42          7 x 6
 183
-162          4 x 43
 115
 -28          7 x 4
  87
 -86          2 x 43
  14
 -14          7 x 2
   0
```

Falls wir in Schritt **D)** einen negativen
Teildividenden erhalten, so müssen wir unser
bisheriges Ergebnis um 1 verringern und diese
Änderung in den vorangegangenen Schleifen ändern.

2. Beispiel: **125195 / 511 = 245**

```
125195 / 51 1 = 245
-102              2 x 51
 231
  -2              1 x 2
 229
-204              4 x 51
 259
  -4              1 x 4
 255
-255              5 x 51
  05
  -5              5 x 1
   0
```

Übungsaufgaben

A)   138245 / 215 = _____

B)   261288 / 342 = _____

C)   435204 / 471 = _____

D)   125195 / 511 = _____

E)   368328 / 412 = _____

F)   228326 / 658 = _____

VII. Primfaktorzerlegung

Eine Primzahl ist eine natürliche Zahl, die nur durch 1 und durch sich selbst teilbar ist.

Jede natürliche Zahl bis auf die Primzahlen können wir in ein Produkt aus mehreren Primzahlen zerlegen. Dieses Vorgehen heißt Primfaktorzerlegung. Die Reihenfolge der einzelnen Primzahlen spielt nach dem Kommutativgesetz keine Rolle.

Folgende Regeln helfen uns bei der Suche einiger Primfaktoren.

Endziffernregeln:

☞ Eine Zahl ist durch **2** teilbar, wenn ihre letzte Ziffer gerade ist.

☞ Eine Zahl ist durch **5** teilbar, wenn sie auf 0 oder 5 endet.

☞ Eine Zahl ist durch **2 und 5** teilbar, wenn sie auf 0 endet.

☞ Eine Zahl ist **zweifach** durch **2** teilbar, wenn ihre letzten beiden Ziffern durch 4 teilbar sind.

☞ Eine Zahl ist **dreifach** durch **2** teilbar, wenn die letzten drei Ziffern durch 8 teilbar sind.

☞ Eine Zahl ist **zweifach** durch **5** teilbar, wenn sie auf 00, 25, 50 oder 75 endet.

☞ Eine Zahl ist **zweifach** durch **2 und 5** teilbar, wenn die letzten beiden Ziffern 00 sind.

Quersummenregeln:

☞ Eine Zahl ist durch **3** teilbar, wenn ihre Quersumme durch 3 teilbar ist.

☞ Eine Zahl ist **zweifach** durch **3** teilbar,
wenn ihre Quersumme durch 9 teilbar ist.

Teilbarkeit durch 7:

Die Zahl wird um ein Vielfaches von 7 addiert, so dass die
Endziffer eine 0 ergibt.
Ist die neue Zahl ohne die letzte Ziffer 0 durch 7 teilbar,
ist auch unsere Zahl durch 7 teilbar.
Alternativ können wir auch gleich die ganze Zahl mit 7
dividieren. Sollte die Division aufgehend sein, so wissen wir,
dass unsere Zahl durch 7 teilbar ist, und wir können mit dem
Teilergebnis weiterrechnen.

Teilbarkeit durch 11:

Die Ziffern der Zahl werden von rechts startend alternierend
addiert und subtrahiert. Ist das Ergebnis durch 11 teilbar,
dann ist die Zahl ebenfalls durch 11 teilbar.
+ - + - + ...

Zur Überprüfung weiterer Teilbarkeiten gibt es weitere
Methoden, die unseren Rahmen aber vorerst übersteigen.

Beispiel: **2310 = 2 x 5 x 3 x 7 x 11**

Rechenweg:

☞ Nach der Endziffernregel erkennen wir, dass unsere Zahl
mit 0 endet und somit durch 2 und 5 teilbar ist.

2310 / **2** = 1155

1155 / **5** = 231

☞ Mit Hilfe der Quersummenregel überprüfen wir die
Teilbarkeit durch 3.

(2+3+1) / 3 = 2

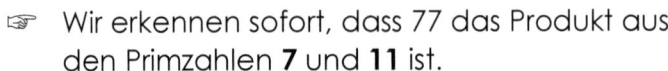

231 ist demnach durch 3 teilbar.

231 / **3** = 77

☞ Wir erkennen sofort, dass 77 das Produkt aus den Primzahlen **7** und **11** ist.

7 x **11**= 77

Alternativ können wir auch in folgender Reihenfolge vorgehen.

☞ Wir testen die Teilbarkeit durch 11 und wenden unsere Teilbarkeitsregel an.

+ 0 - 1 + 3 - 2 = 0

2310 ist demnach durch 11 teilbar.

2310 / **11** = 210

☞ Nach der Endziffernregel erkennen wir, können wir durch 2 und 5 teilen.

210 / **2** = 105

105 / **5** = 21

☞ Jetzt erkennen wir sofort, dass 21 das Produkt der beiden Primzahlen **3** und **7** ist.

3 x **7** = 21

2310 = **2 x 5 x 3 x 7 x 11**

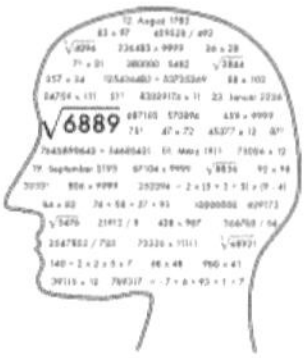

Übungsaufgaben

A)   45 = _____

B)   100 = _____

C)   56 = _____

D)   210 = _____

E)   155 = _____

F)   220 = _____

G)   98 = _____

H)   165 = _____

I)   144 = _____

J)   136 = _____

K)   186 = _____

L)   325 = _____

M)   243 = _____

N)   960 = _____

O)   1470 = _____

P)   729 = _____

Q)   780 = _____

Übungsaufgaben Teil III

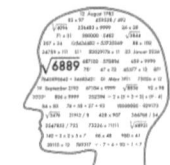

Division

01) 4587138 / 6 = _____

02)   539320 / 8 = _____

03)   294267 / 3 = _____

04) 6635852 / 4 = _____

05)   392922 / 6 = _____

06) 192908 / 29 = _____

07)   8515 / 13 = _____

08) 186318 / 22 = _____

09) 833742 / 63 = _____

10)   47656 / 92 = _____

11)   27702 / 54 = _____

12) 110449 / 17 = _____

13)   68520 / 15 = _____

14) 215096 / 23 = _____

15) 122958 / 46 = _____

16)   19691 / 29 = _____

17) 125223 / 267 = _____

18) 738684 / 852 = _____

19) 201894 / 506 = _____

20) 213125 / 341 = _____

21) 206184 / 726 = _____

22) 82331 / 493 = _____

23) 515736 / 754 = _____

Primfaktorzerlegung

24)   267 = _____

25)   138 = _____

26)   850 = _____

27)   363 = _____

28)   2250 = _____

29)   795 = _____

30)   3375 = _____

31)   1143 = _____

32)   568 = _____

33)   1250 = _____

VIII. Quadrieren und Quadratzahlen
VIII.1. Quadrieren zweistelliger Zahlen

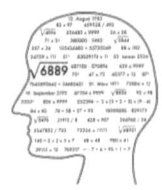

Beispiel: $73^2 = $ **5329**

Wir errechnen das Ergebnis mit Hilfe der 1. binomischen Formel:

$(a + b)^2 = a^2 + 2ab + b^2$

Wir rechnen von rechts nach links und berücksichtigen in unseren Schritten die Überträge.

Wir teilen unsere Basis in zwei Teile, so rechnen wir nur mit einstelligen Zahlen. In unserem Beispiel sind es die Ziffern 7 und 3.

Als erstes quadrieren wir die 3. Entsteht hier ein Übertrag, so addieren wir diesen im folgenden Schritt dazu. Als nächstes bilden wir das doppelte Produkt aus den beiden Ziffern unserer Basis, hier 2 x 7 x 3. In unserem letzten Schritt quadrieren wir die vorderste Ziffer unserer Basis, 7^2, und berücksichtigen den Übertrag aus dem vorhergegangenen Schritt.

<u>Rechenweg</u>:

7^2	$2 \times 7 \times 3$	3^2
49	2×21	**9**
49	**42**	**9**
49 + 4	**2**	**9**
53	**2**	**9**

$73^2 = $ **53 2 9**

Weitere Lösungsmöglichkeiten bzw. Methoden der Überprüfung:

☞ *Multiplikation zweistelliger Zahlen nach der Methode „Kreuzmultiplikation" (Seite 24)*

☞ *Multiplikation zweistelliger Zahlen mit gleichen Zehnerstellen (Seite 28)*

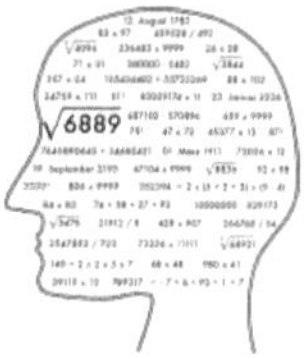

Übungsaufgaben

A) 32^2 = _____

B) 24^2 = _____

C) 53^2 = _____

D) 46^2 = _____

E) 93^2 = _____

F) 62^2 = _____

G) 88^2 = _____

H) 17^2 = _____

I) 26^2 = _____

J) 63^2 = _____

K) 72^2 = _____

L) 27^2 = _____

M) 98^2 = _____

N) 56^2 = _____

O) 38^2 = _____

P) 69^2 = _____

Q) 57^2 = _____

VIII.2. Quadrieren dreistelliger Zahlen

Beispiel: $243^2 = \underline{\textbf{59049}}$

Wir rechnen von rechts nach links.

Wir gehen nach der 1. Binomischen Formel vor.

$$(a + b + c)^2 = a^2 + 2ab + 2ac + b^2 + 2bc + c^2$$

Für die **Einerstelle** unseres Ergebnisses quadrieren wir die Einerstelle unserer Zahl.
$3^2 = \textbf{9}$

Die **Zehnerstelle** errechnen wir, indem wir das Produkt aus den letzten beiden Ziffern unserer Zahl mit 2 multiplizieren. Wenn wir einen Übertrag aus dem vorherigen Schritt haben, addieren wir ihn zu dem Produkt.
$2 \times (4 \times 3) = 2\textbf{4}$

Für die **Hunderterstelle** nehmen wir alle Ziffern unserer Zahl. Wir multiplizieren das Produkt der Einer- und Hunderterstelle mit 2 und addieren das Quadrat der Zehnerstelle. Den Übertrag addieren wir.
$2 \times (2 \times 3) + 4^2 + 2 = 12 + 16 + 2 = 3\textbf{0}$

Die **Tausenderstelle** ist das doppelte Produkt aus der Hunderter- und Zehnerstelle unserer Zahl.
$2 \times (2 \times 4) + 3 = 16 + 3 = 1\textbf{9}$

Unsere **Zehntausenderstelle** ist die Summe der quadrierten Hunderterstelle unserer Zahl und dem Übertrag aus der Tausenderstelle.
$2^2 + 1 = \textbf{5}$

Überträge müssen in jedem Schritt berücksichtigt werden.

$243^2 = \underline{\textbf{5 9 0 4 9}}$

Rechenweg:

2^2	$2 \times 2 \times 4$	$2 \times 2 \times 3 + 4^2$	$2 \times 4 \times 3$	3^2
4	2×8	$2 \times 6 + 16$	2×12	9
4	16	$12 + 16$	24	9
4	16	$28 + 2$	4	9
4	16	30	4	9
4	$16 + 3$	0	4	9
4	19	0	4	9
$4 + 1$	9	0	4	9
5	9	0	4	9

$243^2 = \underline{\textbf{5 9 0 4 9}}$

Übungsaufgaben

A) 232^2 = _____

B) 517^2 = _____

C) 609^2 = _____

D) 448^2 = _____

E) 723^2 = _____

F) 184^2 = _____

G) 842^2 = _____

H) 314^2 = _____

I) 658^2 = _____

VIII.3. Quadrieren mit der Endziffer 1

Beispiel: $51^2 = \underline{\textbf{2601}}$

Wir rechnen von rechts nach links und Ziffer für Ziffer.

Zur Vereinfachung nennen wir alle Ziffern zusammen außer der 1 **Z**. In unserem Beispiel ist **Z = 5**.

Rechenweg:

A) Die **Einerstelle** des Ergebnisses ist *immer* **1**.

B) Die nächste Ziffer ist die letzte Ziffer aus der Verdoppelung von **Z**.

   $2 \times Z = 2 \times 5 = 1\textbf{0}$

C) Die vorderen Ziffern erhalten wir aus der Quadrierung von **Z** und der Addition des möglichen Übertrags aus **B)**.

   $Z^2 + 1 = 5^2 + 1 = 25 + 1 = \textbf{26}$

   Weitere Lösungsmöglichkeit für die Quadrierung von Z:
   ☞ *„Quadrieren zweistelliger Zahlen"* (*Seite 64*)

$51^2 = \underline{\textbf{26 0 1}}$

Übungsaufgaben

A) 21^2 = _____

B) 41^2 = _____

C) 91^2 = _____

D) 171^2 = _____

VIII.4. Quadrieren mit der Endziffer 5

Beispiel: 45^2 = **2025**

Denkansatz: **n 5** x **n 5**

$$n \times (n+1) \quad 25$$

In unserem Beispiel ist **n = 4**.

Rechenweg:

A)   Die letzten beiden Ziffern unseres Ergebnisses sind *immer* **25**.

B)   Die vorderen Ziffern unseres Ergebnisses erhalten wir aus dem Produkt von **n** und **n** + 1, also hier 4 und 4 + 1.
☞ **n** x (**n** + 1) = 4 x (4 + 1) = 4 x 5 = **20**

Wir wenden hier die Methode *Multiplikation zweier Zahlen „einer mehr als der davor"* (Seite 30) an.

45^2 = **20 25**

Übungsaufgaben

A) 195^2 = _____

B) 35^2 = _____

C) 15^2 = _____

D) 125^2 = _____

E) 165^2 = _____

VIII.5. Quadrieren unterhalb von Zehnerpotenzen

Beispiel: $96^2 = \underline{9216}$

Wir ermitteln den Abstand zur nächsten Zehnerpotenz.

$100 - 96 = \mathbf{4}$

Unser Ergebnis berechnen wir in zwei Teilen.

R Für den rechten Ergebnisteil quadrieren wir unseren Abstand. Wir notieren immer so viele Ziffern (16), wie unsere Zehnerpotenz Nullen hat. Überzählige Stellen bilden unseren Übertrag (0) für **L**.

$4^2 = \mathbf{16}$

L Jetzt bilden die Differenz zwischen unserer nächsten Zehnerpotenz (100) und dem doppelten Abstand (2 x 4). Hierzu addieren wir den möglichen Übertrag aus **R** (0).

$100 - 2 \times 4 + 0 = \mathbf{92}$

L und **R** zusammengefügt, bildet unser Ergebnis.

$96^2 = \underline{\mathbf{92\ 16}}$

Diese Technik ist ähnlich zu:

☞ *Multiplikation zweier Zahlen in der Nähe von Zehnerpotenzen Teil I (Seite 32)*

Übungsaufgaben

A) 97^2 = _____

B) 996^2 = _____

C) 92^2 = _____

D) 9994^2 = _____

Mit kleinen Tricks groß beeindrucken
Kopfrechentechniken in Kurzform   Dinah Spring

VIII.6. Quadrieren oberhalb von Zehnerpotenzen

Beispiel: $1012^2 = \underline{1024144}$

Wir ermitteln den Abstand zur nächsten Zehnerpotenz.

$1012 - 1000 = \mathbf{12}$

Unser Ergebnis berechnen wir in zwei Teilen.

R Für den rechten Ergebnisteil quadrieren wir unseren Abstand. Wir notieren immer so viele Ziffern (144), wie unsere Zehnerpotenz Nullen hat. Überzählige Stellen bilden unseren Übertrag (0) für **L**.

$12^2 = \mathbf{144}$

L Jetzt bilden die Differenz zwischen unserer nächsten Zehnerpotenz (1000) und dem doppelten Abstand (2 x 12). Hierzu addieren wir den möglichen Übertrag aus **R** (0).
$1000 + 2 \times 12 + 0 = \mathbf{1024}$

L und **R** zusammengefügt, bildet unser Ergebnis.
$1012^2 = \underline{\mathbf{1024\ 144}}$

Diese Technik ist ähnlich zu:

☞ *Multiplikation zweier Zahlen*
in der Nähe von Zehnerpotenzen Teil III (Seite 36)

Übungsaufgaben

A) 109^2 = _____

B) 115^2 = _____

C) 1008^2 = _____

D) 10013^2 = _____

VIII.7. Quadrate
Repdigits von 1

Beispiel: $1111^2 = \underline{1234321}$

Die Rechnung ist einfach. Eigentlich müssen wir hier gar nicht rechnen, sondern nur die Ziffern aufschreiben. Zur Vereinfachung ist dieser Trick nur bis zu einem neunstelligen Repdigit anwendbar.

Wir schreiben von links nach rechts.

Rechenweg:

Als erstes bestimmen wir die Stellenanzahl unseres Repdigits.

Jetzt schreiben wir die Anzahl der Ziffern beginnend mit 1 aufsteigend bis zu unserer Anzahl an Repdigits von 1 auf und danach absteigend bis 1.

$1111^2 = \underline{1234321}$

Übungsaufgaben

A) 11^2 = _____

B) 111^2 = _____

C) 11111^2 = _____

D) 1111111^2 = _____

E) 111111111^2 = _____

F) 1111111111^2 = _____

G) 111111^2 = _____

VIII.8. Quadrate
Repdigits von 3

Beispiel: **333² = <u>110889</u>**

Diese Rechnung ist einfach. Wir notieren nur die Ziffern.

Wir schreiben von links nach rechts.

<u>Rechenweg</u>:

A) Als erstes bestimmen wir die Stellenanzahl unseres
Repdigits.
Die vorderen Ziffern sind ein Repdigit von 1, der eine
Stelle weniger als mein Repdigit von 3 hat.

333 hat drei Stellen, also steht bei unserem Ergebnis
vorne **11**.

B) Jetzt folgt immer eine **0**.

C) Die nächsten Ziffern sind ein **Repdigit von 8** mit der
gleichen Anzahl wie in Schritt A) der Repdigit von 1, hier
88.

D) Am Ende steht immer eine **9**.

333² = **<u>11 0 88 9</u>**

<u>Übungsaufgaben</u>

A)   33333² = _____

B)   333333² = _____

C)   33333333² = _____

D)   3333² = _____

VIII.9. Quadrate
Repdigits von 6

Beispiel: $6666^2 = \underline{44435556}$

Auch diese Rechnung ist simpel. Wir müssen gar nicht rechnen, sondern nur die Ziffern notieren.

Wir schreiben von links nach rechts.

Rechenweg:

A) Als erstes bestimmen wir die Stellenanzahl unseres Repdigits.
Für die vorderen Ziffern ersetzen wir den Repdigit von 6 durch den **Repdigit von 4**, der eine Stelle weniger hat.

6666 hat vier Stellen, also steht bei unserem Ergebnis vorne eine **444**.

B) Die nächste Ziffer ist immer eine **3**.

C) Jetzt kommt ein **Repdigit von 5**, der die gleiche Anzahl an Ziffern hat wie in Schritt **A)** der **Repdigit von 4**.

Unser Ergebnis beginnt mit dreimal **4**, gefolgt von **3** und am Ende dreimal **5**.

D) Die Einerstelle ist immer eine **6** (jede Zahl mit der Einerstelle 6 quadriert, endet immer auf 6).

$6666^2 = \underline{444\ 3\ 555\ 6}$

Übungsaufgaben

A) $\qquad 66^2 = $ _____

B) $\qquad 66666^2 = $ _____

C) $6666666^2 = $ _____

VIII.10. Quadratzahlen
Vorgänger und Nachfolger

Ist uns eine Quadratzahl (n^2) bekannt, so können wir das Vorgänger- und das Nachfolgequadrat mit einer Additions- bzw. Subtraktionsaufgabe lösen.

Für die **Nachfolgequadratzahl** addieren wir zu unserer Quadratzahl unsere Basis und die nachfolgende Basis.

Nachfolgequadratzahl: $n^2 + n + (n+1) = (n+1)^2$
(1. Binomische Formel)

Für die **Vorgängerquadratzahl** subtrahieren wir zu unserer Quadratzahl unsere Basis und die nächstniedrigere Basis.

Vorgängerquadratzahl: $n^2 - n - (n-1) = (n-1)^2$
(2. Binomische Formel)

Übungsaufgaben

Vorgänger	☞	Quadratzahl	☞	Nachfolger
36 $= 49 - 7 - 6$	☞	$7^2 = 49$	☞	$49 + 7 + 8 =$ **64**
A)	☞	$45^2 = 2025$	☞	
B)	☞	$37^2 = 1369$	☞	
C)	☞	$111^2 = 12321$	☞	
D)	☞	$62^2 = 3844$	☞	
E)	☞	$48^2 = 2304$	☞	

IX. Wurzeln

IX.1. Aufgehende Quadratwurzeln mit zweistelligem Ergebnis

Beispiel: $\sqrt{6889} = \underline{\mathbf{83}}$

<u>Rechenweg</u>:

Wir trennen unsere Zahl so in zwei Blöcke, dass der rechte Block aus zwei Ziffern besteht und der linke die übrigen umfasst.

$n^2 = 68 \quad 89$

L Der linke Block ist für uns zur Berechnung von **L** wichtig. Wir sehen uns hier 68 an und suchen die nächstniedrigere Quadratzahl: 64.

$\sqrt{64} = \mathbf{8}$

R Wir betrachten den rechten Block und hier nur die Einerstelle und überlegen uns, welche Quadratzahlen auf diese Stelle, hier die 9, endet.
$3 \times 3 = 9$ *und* $7 \times 7 = 49$
R ist entweder **3** oder **7**.

Mit Hinzunahme von **L** haben wir als mögliche Lösungen 83 und 87. Nun berechnen wir 85^2 und vergleichen das Ergebnis mit unserer Aufgabe, hier 6889. Ist 85^2 größer, so ist die Lösung 83, sonst ist sie 87.

$85^2 = 7225$
☞ *Quadrieren mit der Endziffer 5 (Seite 69)*

Da $85^2 = 7225$ größer als 6889 ist, ist unser Ergebnis 83 mit **R = 3**.

$\sqrt{6889} = \underline{\mathbf{8\ 3}}$

Übungsaufgaben

A) $\sqrt{5929}$ = _____

B) $\sqrt{625}$ = _____

C) $\sqrt{1444}$ = _____

D) $\sqrt{9604}$ = _____

E) $\sqrt{3844}$ = _____

F) $\sqrt{2809}$ = _____

G) $\sqrt{324}$ = _____

H) $\sqrt{1089}$ = _____

I) $\sqrt{5476}$ = _____

J) $\sqrt{7056}$ = _____

K) $\sqrt{529}$ = _____

L) $\sqrt{8464}$ = _____

M) $\sqrt{4489}$ = _____

N) $\sqrt{1156}$ = _____

O) $\sqrt{2209}$ = _____

P) $\sqrt{3969}$ = _____

Mit kleinen Tricks groß beeindrucken
Kopfrechentechniken in Kurzform
    Dinah Spring   77

IX.2. Aufgehende Kubikwurzeln mit zweistelligem Ergebnis

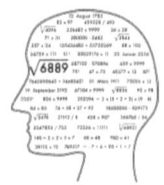

n	1	2	3	4	5	6	7	8	9	10
n^3	**1**	**8**	**27**	**64**	**125**	**216**	**343**	**512**	**729**	**1000**

Wie wir sehen, endet oben jede n^3 mit einer anderen Ziffer. Jede Ziffer von 0 bis 9 ist genau einmal vertreten.

Beispiel: $\sqrt[3]{12167}$ = **23**

Rechenweg:

Wir trennen unsere Zahl so in zwei Blöcke, dass der rechte Block aus drei Ziffern besteht und der linke die übrigen umfasst.

n^3 = 12 167

L   Um **L** zu erhalten, vergleichen wir den linken Block mit den Kubikzahlen (n^3) bis 1000.
Das zum nächstniedrigerem n^3 gehörige n ist **L**, in unserem Beispiel 2.

12   n^3 = 8   ☞   n = **2** = **L**

R   Für die letzte Stelle des Ergebnisses vergleichen wir unsere letzte Ziffer mit der jeweils letzten Ziffer aus der Reihe von n^3.

Da die letzte Ziffer unserer Kubikzahl eine 7 ist, gibt es für R nur eine Möglichkeit, die 3.

R = 3   (3^3 = 27)

$\sqrt[3]{12167}$ = **23**

  Mit kleinen Tricks groß beeindrucken
Kopfrechentechniken in Kurzform   Dinah Spring

Übungsaufgaben

A) $\sqrt[3]{15625}$ = _____

B) $\sqrt[3]{753571}$ = _____

C) $\sqrt[3]{4913}$ = _____

D) $\sqrt[3]{10648}$ = _____

E) $\sqrt[3]{148877}$ = _____

F) $\sqrt[3]{35937}$ = _____

G) $\sqrt[3]{592704}$ = _____

H) $\sqrt[3]{17576}$ = _____

I) $\sqrt[3]{456533}$ = _____

J) $\sqrt[3]{205379}$ = _____

K) $\sqrt[3]{830584}$ = _____

L) $\sqrt[3]{54872}$ = _____

M) $\sqrt[3]{970299}$ = _____

N) $\sqrt[3]{117649}$ = _____

O) $\sqrt[3]{512000}$ = _____

P) $\sqrt[3]{373248}$ = _____

Übungsaufgaben Teil IV

Quadrate

01) $37^2 = $ _____

02) $54^2 = $ _____

03) $81^2 = $ _____

04) $42^2 = $ _____

06) $84^2 = $ _____

07) $292^2 = $ _____

08) $163^2 = $ _____

09) $526^2 = $ _____

10) $807^2 = $ _____

11) $492^2 = $ _____

12) $117^2 = $ _____

13) $1013^2 = $ _____

14) $898^2 = $ _____

Nächste Quadrate

15) _____ ☜ $54^2 = 2916$ ☞ _____

16) _____ ☜ $73^2 = 5329$ ☞ _____

Quadratwurzeln

17) $\sqrt{2304}$ = _____

18) $\sqrt{7396}$ = _____

19) $\sqrt{8281}$ = _____

20) $\sqrt{2704}$ = _____

21) $\sqrt{1521}$ = _____

22) $\sqrt{3481}$ = _____

23) $\sqrt{1764}$ = _____

24) $\sqrt{5776}$ = _____

Kubikwurzeln

25) $\sqrt[3]{79507}$ = _____

26) $\sqrt[3]{636056}$ = _____

27) $\sqrt[3]{195112}$ = _____

28) $\sqrt[3]{704969}$ = _____

29) $\sqrt[3]{226981}$ = _____

30) $\sqrt[3]{42875}$ = _____

31) $\sqrt[3]{551368}$ = _____

32) $\sqrt[3]{39304}$ = _____

X. Prozente einer Zahl Y

Wenn wir in einer Berechnung das Komma um eine Stelle nach links verschieben müssen, ist es das Gleiche, als wenn wir mit 10 dividieren.

1% Das Komma verschieben wir um zwei Stellen nach links.

2,5% Y/4 bzw. Y/2/2 und zusätzlich verschieben wir das Komma um eine Stelle nach links.

5% Y/2 und zusätzlich verschieben wir das Komma um eine Stelle nach links.

10% Das Komma verschieben wir um eine Stelle nach links.

15% Yx3/2 und zusätzlich verschieben wir das Komma um eine Stelle nach links.

20% Y/5

25% Y/4

33$\frac{1}{3}$% Y/3

40% Yx4 und zusätzlich verschieben wir das Komma um eine Stelle nach links.

45% Y/2 und davon subtrahieren wir 10%.

50% Y/2

55% Y/2 und zusätzlich addieren wir 10% dazu.

60% Yx6 und zusätzlich verschieben wir das Komma um eine Stelle nach links.

70% Yx7 und zusätzlich verschieben wir das Komma um eine Stelle nach links.

75%   Yx3/4

80%   Yx8 und das Komma verschieben wir um eine Stelle nach links.

90%   Y - 10% von Y

95%   Y - 5% von Y

Übungsaufgaben

A)   5% von 130 = _____

B)   90% von 72 = _____

C)   75% von 380 = _____

D)   2,5% von 840 = _____

E)   45% von 90 = _____

F)   70% von 18 = _____

G)   55% von 260 = _____

H)   15% von 432 = _____

I)   60% von 94 = _____

J) $33\frac{1}{3}$% von 110 = _____

K)   80% von 724 = _____

L)   25% von 912 = _____

M)   65% von 24 = _____

XI. Bruchrechnung
XI.1. Bruchrechnung Addition

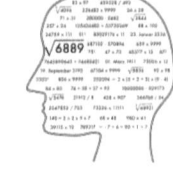

Beispiel: $\dfrac{4}{9} + \dfrac{7}{11} = 1\dfrac{8}{99}$

Anders als bei der Multiplikation und Division, stellen wir uns die Brüche wie folgt vor uns können die *vedische Regel* „*vertikal und kreuzweise*" anwenden:

4/9

+ 7/11

__107/99__

$$A \;/\; B$$
$$\times$$
$$C \;/\; D$$

__(AxD + CxB) / (BxD)__

vertikal für den Nenner:

    9 x 11 = **99**   B x D

kreuzweise für den Zähler:

    4 x 11 + 9 x 7 = 44 + 63 = **107**   A x D + C x B

Wir haben hier einen unechten Bruch und wandeln diesen in einen gemischten Bruch um. Kürzen brauchen wir diesen nicht mehr.

$$\frac{4}{9} + \frac{7}{11} = \frac{107}{99} = 1\frac{8}{99}$$

Übungsaufgaben

A) $\dfrac{2}{7} + \dfrac{1}{9} =$ _____

B) $\dfrac{3}{4} + \dfrac{7}{8} =$ _____

C) $\dfrac{2}{13} + \dfrac{5}{26} =$ _____

XI.2. Bruchrechnung Subtraktion

Beispiel: $\dfrac{5}{9} - \dfrac{3}{6} = \dfrac{1}{18}$

Anders als bei der Multiplikation und Division stellen wir uns die Brüche wie folgt vor und können die *vedische Regel* „*vertikal und kreuzweise*" anwenden:

5/3

- 9/6

$\dfrac{19/54}{}$ **(AxD - CxB) / (BxD)**

A / C
B / D

vertikal für den Nenner:
 9 x 6 = **54**   B x D

kreuzweise für den Zähler:
 5 x 6 - 3 x 9 = 30 - 27 = **3** A x D - C x B

Wir haben hier einen echten Bruch, den wir kürzen müssen. Hier ist unser Nenner (54) ein Vielfaches unseres Zählers (3).

$$\dfrac{5}{9} - \dfrac{3}{6} = \dfrac{3}{54} = \dfrac{1}{18}$$

Übungsaufgaben

A) $\dfrac{4}{5} - \dfrac{2}{3} =$ _____

B) $\dfrac{9}{11} - \dfrac{5}{8} =$ _____

C) $\dfrac{14}{27} - \dfrac{4}{9} =$ _____

D) $\dfrac{27}{28} - \dfrac{6}{7} =$ _____

XI.3. Bruchrechnung Multiplikation

Beispiel: $\dfrac{1}{6} \times \dfrac{7}{9} = \dfrac{7}{54}$

Wir multiplizieren jeweils die Zähler und die Nenner miteinander.

Bei der Multiplikation reicht es aus, vorher zu kürzen. Gegebenenfalls erhalten wir nach der Multiplikation einen unechten Bruch, den wir für unser Ergebnis noch in einen gemischten Bruch umwandeln müssen.

$\dfrac{1}{6} \times \dfrac{7}{9}$ $\qquad\qquad$ $\dfrac{A}{B} \;\text{——}\; \dfrac{C}{D}$

Zähler:
$\qquad 1 \times 7 = \mathbf{7}$ $\qquad\qquad$ $A \times C$

Nenner:
$\qquad 6 \times 9 = \mathbf{54}$ $\qquad\qquad$ $B \times D$

$\dfrac{1}{6} \times \dfrac{7}{9} = \dfrac{7}{54}$

Übungsaufgaben

A) $\qquad \dfrac{3}{4} \times \dfrac{5}{9} =$ _____

B) $\qquad \dfrac{4}{5} \times \dfrac{7}{28} =$ _____

C) $\qquad \dfrac{28}{31} \times \dfrac{3}{4} =$ _____

D) $\qquad \dfrac{8}{90} \times \dfrac{2}{45} =$ _____

Mit kleinen Tricks groß beeindrucken
Kopfrechentechniken in Kurzform
$\qquad\qquad\qquad$ Dinah Spring

XI.4. Bruchrechnung Division

Beispiel: $\dfrac{5}{9} / \dfrac{2}{3} = \dfrac{5}{6}$

Wir multiplizieren mit dem Kehrwert.

Bei der Division reicht es aus, vor unserer Multiplikation zu kürzen. Gegebenenfalls erhalten wir nach der Multiplikation einen unechten Bruch, den wir für unser Ergebnis noch in einen gemischten Bruch umwandeln müssen.

$\dfrac{5}{9} \times \dfrac{3}{2}$ gekürzt: $\dfrac{5}{3} \times \dfrac{1}{2}$ $\qquad \dfrac{A}{B}$ —— $\dfrac{D}{C}$ bzw. $\dfrac{A}{B} \times \dfrac{C}{D}$

Zähler:

$\quad 5 \times 1 = \mathbf{5}$ $\qquad\qquad\qquad$ A x D

Nenner:

$\quad 3 \times 2 = \mathbf{6}$ $\qquad\qquad\qquad$ B x C

$\dfrac{5}{9} / \dfrac{2}{3} = \dfrac{15}{18} = \dfrac{5}{6}$

Übungsaufgaben

A) $\quad \dfrac{17}{22} / \dfrac{10}{11} = $ _____

B) $\quad \dfrac{8}{9} / \dfrac{3}{4} = $ _____

C) $\quad \dfrac{6}{13} / \dfrac{1}{9} = $ _____

D) $\quad \dfrac{15}{31} / \dfrac{3}{8} = $ _____

Übungsaufgaben Teil V

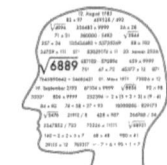

Prozente

01)   75% von 84   = _____

02)   55% von 121   = _____

03)   25% von 92   = _____

04)   15% von 47   = _____

05)   2,5% von 36   = _____

06)   10% von 8748   = _____

07)   45% von 62   = _____

08)   80% von 35   = _____

09)   40% von 612   = _____

10)   75% von 48   = _____

11)   90% von 273   = _____

12)   15% von 984   = _____

Bruchrechnung

13) $\dfrac{15}{22} + \dfrac{2}{3} =$ _____

14) $\dfrac{1}{8} + \dfrac{2}{7} =$ _____

15) $\dfrac{7}{12} + \dfrac{2}{3} =$ _____

16) $\dfrac{2}{13} + \dfrac{9}{10} =$ _____

17) $\dfrac{4}{11} + \dfrac{3}{5} =$ _____

18) $\dfrac{55}{64} - \dfrac{7}{256} =$ _____

19) $\dfrac{6}{8} - \dfrac{15}{22} =$ _____

20) $\dfrac{15}{24} - \dfrac{5}{36} =$ _____

21) $\dfrac{7}{9} - \dfrac{21}{28} =$ _____

22) $\dfrac{4}{9} - \dfrac{2}{13} =$ _____

23) $\dfrac{23}{39} \times \dfrac{8}{31} =$ _____

24) $\dfrac{2}{9} \times \dfrac{4}{15} =$ _____

25) $\dfrac{11}{12} / \dfrac{3}{7} =$ _____

26) $\dfrac{3}{41} / \dfrac{1}{9} =$ _____

XII. Wochentagsberechnung

Bei Wochentagsberechnungen suchen wir den richtigen Wochentag zu einem bestimmten Datum.

Diese Wochentagsberechnungen sind erst seit dem 15. Oktober 1582 gültig. Seit diesem Tag gilt der heute aktuelle gregorianische Kalender, der von Papst Gregor XIII eingeführt wurde.

Beispiel: **09. August 2017** ☞ <u>**Mittwoch**</u>

In den nächsten beiden Kapiteln gehen wir auf die Wochentagsberechnungen nach Jan van Koningsveld und nach Dr. Dr. Gert Mittring ein. Wir zeigen beide anhand des Beispiels oben. Der Unterschied der beiden Methoden liegt in der Berechnung. Wir werten beide Techniken gleich. Es liegt an einem selbst, welche man priorisiert und man in Zukunft anwenden wird.

Unser Datum unterteilen wir in den **Tag (09)**, den **Monat** (**August**), das **Jahrhundert** (**20**), das **Jahr** (die letzten beiden Ziffern des Jahres) (**17**).

Wir errechnen aus diesen vier Teilen mit Formeln und Tabellen Zwischenergebnisse, diese werden addiert und anschließend durch 7 dividiert. Der hieraus entstehende Rest zeigt uns über eine Tabelle unseren gesuchten Wochentag an. Je kleiner unsere Zahlen sind, desto leichter und einfacher ist unsere Rechnung.

Von jeder Zahl, mit der wir rechnen, können wir den 7er Rest nehmen. Haben wir wie in unserem Beispiel eine 9, so ist unser 7er Rest eine 2. Der 7er Rest ist die Zahl, die wir erhalten, wenn wir von der ursprünglichen Zahl so oft 7 subtrahieren, bis das Ergebnis kleiner als 7 und noch positiv ist. Haben wir eine negative Zahl, so addieren wir so lange 7, bis wir positiv und kleiner als 7 sind. Das Ergebnis ist unser 7er Rest. So ist zum Beispiel von -1 der 7er Rest 6.

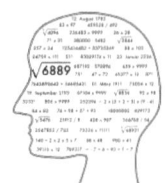

Für die Zwischenergebnisse, die wir aus dem **Monat** (**August**) und dem **Jahrhundert** (**20**) produzieren, verwenden wir Kennziffern, die wir aus Tabellen entnehmen.

Der wesentliche Unterschied zwischen den beiden Techniken ist die Handhabung mit dem **Jahr** (**17**), das in 2 bzw. 3 Schritte unterteilt ist. Wir sehen es in den folgenden Kapiteln.

XII.1. Wochentagsberechnung nach Jan van Koningsveld

Beispiel: **09. August 2017** ☞ **Mittwoch**

Nach folgender Formel berechnen wir unseren Wochentag:

(A + B + C + D₁ + D₂) / 7 = X Rest Y

$$(A + B + C + D_1 + D_2) / 7 = X \text{ Rest } \underline{Y}$$

A: Tag   **B**: Monatskennziffer
C: Jahrhundertkennziffer   **D₁**: Jahr
D₂: Anzahl der Schaltjahre   **Y**: Wochentagsschlüsselzahl

Wir addieren von unserem Datum den Tag (**A = 09**), die Monatskennziffer (**B = 2**), die Jahrhundertkennziffer (**C = 6**), beide Kennziffern entnehmen wir den Tabellen weiter unten (August = 2 und 2000 = 6). Das Jahr (die letzten beiden Ziffern unseres Jahres) (**D₁ = 17**) und die Jahreszahl dividiert durch 4 (**D₂ = 17 / 4 = 4**), ganzzahlig abgerundet, addieren wir ebenfalls dazu.

(09 + 2 + 6 + 17 + 4) / 7 = 38 / 7 = 5 Rest **3** = **Y**

Von unserer Summe (38) nehmen wir den 7er Rest (3). Laut unserer Tabelle ist der zu 3 gehörige Wochentag Mittwoch.

Der 09. August 2017 war ein **Mittwoch**.

<u>Rechenweg</u>:

   (9 + 2 + 6 + 17 + 17 / 4) / 7   Wir nehmen bereits in der

= (9̸ + 2 +̸6̸ + 1̸7̸ + 17 / 4) / 7   Rechnung die 7er Reste.

= (2 + 1 +̸3̸ +̸4̸) / 7

= (2 + 1) / 7 = Rest <u>3</u>

Achtung!
Befindet sich das Datum im Januar oder Februar eines Schaltjahres, müssen wir den Vortag nehmen, d.h. Rest - 1.

Monatskennziffern (B):

Januar	= **0**	Februar	= **3**	März	= **3**
April	= **6**	Mai	= **1**	Juni	= **4**
Juli	= **6**	August	= **2**	September	= **5**
Oktober	= **0**	November	= **3**	Dezember	= **5**

Jahrhundertkennziffern (C):

1500 = **0**	1600 = **6**	1700 = **4**	1800 = **2**
1900 = **0**	2000 = **6**	2100 = **4**	2200 = **2**
2300 = **0**...			

Wochentagsschlüsselzahlen (Y):

0 = **Sonntag**	1 = **Montag**	2 = **Dienstag**
3 = **Mittwoch**	4 = **Donnerstag**	5 = **Freitag**
6 = **Samstag**		

Vgl. van Koningsveld, Jan:
In 7 Tagen zum menschlichen Kalender: Berechnung von Wochentagen in Sekundenschnelle. ISBN-10: 1484113667

Übungsaufgaben

A)   05. September 2022 ☞ _____

B)   30. Dezember 1877 ☞ _____

C)   24. Dezember 2000 ☞ _____

D)   12. Oktober 2046 ☞ _____

E)   23. November 1984 ☞ _____

XII.2. Wochentagsberechnung nach Dr. Dr. Gert Mittring

Beispiel: **09. August 2017** ☞ **<u>Mittwoch</u>**

Nach folgender Formel berechnen wir unseren Wochentag:

(A + B + C + D₁ + D₂ + D₃) / 7 = X Rest <u>Y</u>

A: Tag
B: Monatskennziffer
C: Jahrhundertkennziffer
D₁, D₂, D₃: Teilergebnisse von unserem Jahr
<u>Y</u>:   <u>Wochentagsschlüsselzahl</u>

Auch in dieser Methode addieren wir von unserem Datum den Tag (**A = 09**), die Monatskennziffer (**B = 3**) und die Jahrhundertkennziffer (**C = 6**). Die Kennziffern entnehmen wir den Tabellen weiter unten. Das Jahr teilen wir in die Teile **D₁**, **D₂** und **D₃**. Wir berechnen sowohl **D₁** als auch **D₂** in einem Schritt, wobei **D₁** das ganzzahlige Ergebnis und **D₂** der Rest ist. In unserem Beispiel rechnen wir wie folgt:
17 / 12 = **1** Rest **5**, so ist **D₁ = 1** und **D₂ = 5**.
Für **D₃** dividieren wir **D₂** durch 4 und runden ganzzahlig ab.
Bei uns ist **D₃ = D₂ / 4 = 5 / 4 = 1**.
Wir addieren zu der Summe (**A + B + C**) unsere Variablen **D₁**, **D₂** und **D₃**.

(09 + 3 + 6 + 1 + 5 + 1) / 7 = 25 / 7 = 3 Rest **<u>4</u>**

Von unserer Summe (25) nehmen wir den 7er Rest (4). Laut unserer Tabelle ist der zu 4 gehörige Wochentag Mittwoch.

Der 09. August 2017 war ein **<u>Mittwoch</u>**.

Achtung!
Befindet sich das Datum im Januar oder Februar eines Schaltjahres, müssen wir den Vortag nehmen, d.h. Rest - 1.

Monatskennziffern (B):

Januar	= **1**	Februar	= **4**	März	= **4**
April	= **0**	Mai	= **2**	Juni	= **5**
Juli	= **0**	August	= **3**	September	= **6**
Oktober	= **1**	November	= **4**	Dezember	= **6**

Jahrhundertkennziffern (C):

1500 = **0**	1600 = **-1/+6**	1700 = **4**	1800 = **2**
1900 = **0**	2000 = **-1/+6**	2100 = **4**	2200 = **2**
2300 = **0**...			

Wochentagsschlüsselzahlen (Y):

0 = **Samstag**	1 = **Sonntag**	2 = **Montag**
3 = **Dienstag**	4 = **Mittwoch**	5 = **Donnerstag**
6 = **Freitag**		

Vgl. Mittring, Dr. Dr. Gert:
Rechnen mit dem Weltmeister, Fischer Verlag 2013, Seite 153ff.
ISBN 978-3-596-18989-2

Übungsaufgaben

A)   05. September 2022 ☞ _____

B)   30. Dezember 1877 ☞ _____

C)   24. Dezember 2000 ☞ _____

D)   12. Oktober 2046 ☞ _____

E)   23. November 1984 ☞ _____

Wochentagsberechnung

01) 07. Januar 2024 ☞ _____

02) 16. September 1761 ☞ _____

03) 12. Februar 2242 ☞ _____

04) 31. Mai 1958 ☞ _____

05) 01. Januar 1836 ☞ _____

06) 25. März 1692 ☞ _____

07) 11. Oktober 1764 ☞ _____

08) 15. August 2083 ☞ _____

09) 29. Februar 1816 ☞ _____

10) 03. November 1982 ☞ _____

11) 15. Oktober 1582 ☞ _____

12) 04. Oktober 2001 ☞ _____

13) 17. Juni 1845 ☞ _____

14) 21. April 2176 ☞ _____

15) 05. August 2068 ☞ _____

16) 22. September 2074 ☞ _____

17) 14. Februar 1986 ☞ _____

18) 01. März 1427 ☞ _____

19) 18. Mai 1711 ☞ _____

20) 28. Februar 1933 ☞ _____

21) 02. Dezember 2152 ☞ _____

22) 23. November 2003 ☞ _____

23) 19. Juli 1838 ☞ _____

24) 27. März 1974 ☞ _____

25) 14. März 1796 ☞ _____

26) 01. Januar 1825 ☞ _____

27) 20. Dezember 2012 ☞ _____

28) 12. September 1646 ☞ _____

29) 02. Oktober 1562 ☞ _____

30) 02. August 1871 ☞ _____

31) 30 Januar 2043 ☞ _____

XIII. Zahlenspielerei
The 2024 Year Game

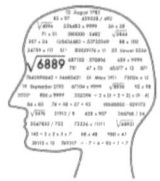

Ziel:

Wir errechnen mit den Ziffern unserer Jahreszahl die
Ergebnisse 1 bis 100.

Regeln:

☞ Wir arbeiten nur mit den Ziffern, die unser Jahr hat, also

2   0   2   4

☞ Alle einzelnen Ziffern müssen in unserer Rechnung genau
einmal vorkommen (0, 2, 2, 4).

☞ Die Ziffern können in der Reihenfolge vertauscht werden,
mehrstellige Zahlen wie 20, 220 oder 0,2 werden in
diesem Jahr akzeptiert.

☞ Folgende Operationen sind möglich:
+, **-**, **x**, **/**,
$\sqrt{}$ (Quadratwurzel), **∧** (Potenzen),
! (Fakultät), und **!!** (doppelte Fakultät)

Die ausführlich erklärten Regeln finden wir auf folgender
Seite:
https://www.nctm.org/Classroom-Resources/Year-Game/Rules-of-the-Year-Game/

Beispiel: 1 = (2 + 0 + 2) / 4

Mit kleinen Tricks groß beeindrucken
Kopfrechentechniken in Kurzform   Dinah Spring

Hier ist Platz für die Berechnungen
der Ergebnisse 1 bis 100.

Mit kleinen Tricks groß beeindrucken
Kopfrechentechniken in Kurzform

Dinah Spring

XIV. Anhang
XIV.1. Übungsaufgaben
aus sämtlichen Bereichen

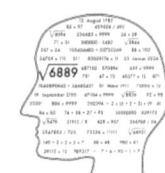

Hectoc

01) 3 1 9 3 7 5 ☞ _____

02) 2 8 6 9 5 7 ☞ _____

03) 8 3 9 3 5 3 ☞ _____

04) 8 6 2 2 4 5 ☞ _____

05) 7 7 7 3 6 1 ☞ _____

06) 6 9 9 7 9 3 ☞ _____

07) 4 3 6 2 3 4 ☞ _____

08) 6 4 2 4 3 6 ☞ _____

09) 8 4 4 2 1 7 ☞ _____

10) 2 4 9 6 4 6 ☞ _____

Addition

11) 796248 + 332356 = _____

12) 918975 + 426321 = _____

13) 318904 + 179856 = _____

14)   4487326 + 728658 = _____

15)   8587788 + 597265 = _____

Subtraktion

16)   4567091 - 817294 = _____

17)   5144366 - 4164776 = _____

18)   12826253 - 326598 = _____

19)   2877824 - 1809031 = _____

20)   7635897 - 5581277 = _____

21)   84000 - 672 = _____

22)   95010000 - 3864 = _____

Multiplikation

23)   28 x 67 = _____

24)   54 x 82 = _____

25)   31 x 66 = _____

26)   19 x 82 = _____

27)   75 x 78 = _____

28)   91 x 29 = _____

29)   45 x 47 = _____

Mit kleinen Tricks groß beeindrucken   Dinah Spring
Kopfrechentechniken in Kurzform

30)   58 x 34   = _____

31)   87 x 62   = _____

32)   74 x 91   = _____

33)   34 x 786 = _____

34)   59 x 282 = _____

35)   64 x 311 = _____

36)   78 x 796 = _____

37)   914 x 82 = _____

38)   623 x 28 = _____

39)   492 x 88 = _____

40)   235 x 763 = _____

41)   376 x 692 = _____

42)   205 x 981 = _____

43)   952 x 539 = _____

44)   493 x 448 = _____

45)   512 x 919 = _____

46)   861 x 522 = _____

47)   598 x 298 = _____

48) 947 x 799 = _____

49) 496 x 159 = _____

50) 103 x 88 = _____

51) 94 x 99 = _____

52) 993 x 1002 = _____

53) 86 x 92 = _____

54) 9997 x 9995 = _____

55) 114 x 87 = _____

56) 53106 x 11 = _____

57) 11 x 5574 = _____

58) 95537 x 11 = _____

59) 11 x 85123 = _____

60) 90157 x 12 = _____

61) 12 x 4736 = _____

62) 26213 x 12 = _____

63) 12 x 35252 = _____

Division

64) 30096 / 48 = _____

Mit kleinen Tricks groß beeindrucken
Kopfrechentechniken in Kurzform   Dinah Spring

65) 4587138 / 6 = _____

66)   419006 / 7 = _____

67) 1026142 / 26 = _____

68) 302445 / 423 = _____

69) 138176 / 32 = _____

70) 254688 / 96 = _____

71) 605246 / 74 = _____

72) 153592 / 263 = _____

73) 1332210 / 726 = _____

Primfaktorzerlegung

74)   14500 = _____

75)   3025 = _____

76)   198 = _____

77)   18750 = _____

78)   6615 = _____

79)   1960 = _____

80)   1650 = _____

Quadrate

81) $33^2 =$ _____

82) $99999^2 =$ _____

83) $59^2 =$ _____

84) $78^2 =$ _____

85) $67^2 =$ _____

86) $86^2 =$ _____

87) $74^2 =$ _____

88) $83^2 =$ _____

89) $79^2 =$ _____

90) $48^2 =$ _____

91) $13^2 =$ _____

92) $95^2 =$ _____

93) $47^2 =$ _____

94) $73^2 =$ _____

95) $65^2 =$ _____

96) $29^2 =$ _____

97) $403^2 =$ _____

Mit kleinen Tricks groß beeindrucken
Kopfrechentechniken in Kurzform   Dinah Spring

98) $931^2 =$ _____

99) $855^2 =$ _____

100) $787^2 =$ _____

101) $348^2 =$ _____

102) $639^2 =$ _____

103) $206^2 =$ _____

104) $957^2 =$ _____

105) $124^2 =$ _____

106) $427^2 =$ _____

107) $993^2 =$ _____

108) $99994^2 =$ _____

109) $100017^2 =$ _____

110) $1006^2 =$ _____

111) $1021^2 =$ _____

112) $989^2 =$ _____

Wurzeln

113) $\sqrt{576} =$ _____

114) $\sqrt{5041} =$ _____

115) $\sqrt{5184}$ = _____

116) $\sqrt{3025}$ = _____

117) $\sqrt{9216}$ = _____

118) $\sqrt{841}$ = _____

119) $\sqrt{4096}$ = _____

120) $\sqrt[3]{97336}$ = _____

121) $\sqrt[3]{421875}$ = _____

122) $\sqrt[3]{2197}$ = _____

123) $\sqrt[3]{103823}$ = _____

124) $\sqrt[3]{6859}$ = _____

125) $\sqrt[3]{5832}$ = _____

126) $\sqrt[3]{314432}$ = _____

127) $\sqrt[3]{13824}$ = _____

128) $\sqrt[3]{804357}$ = _____

Prozente

129) $33\frac{1}{3}\%$ von 42 = _____

130) 60% von 91 = _____

Mit kleinen Tricks groß beeindrucken
Kopfrechentechniken in Kurzform

Dinah Spring

131)   70% von 895 = _____

132)   15% von 642 = _____

133)   45% von 720 = _____

Bruchrechnung

134) $\dfrac{8}{15} + \dfrac{5}{11} =$ _____

135) $\dfrac{52}{75} + \dfrac{13}{25} =$ _____

136) $\dfrac{23}{27} - \dfrac{8}{25} + =$ _____

137) $\dfrac{11}{15} - \dfrac{11}{45} =$ _____

138) $\dfrac{82}{93} \times \dfrac{13}{97} - =$ _____

139) $\dfrac{24}{31} \times \dfrac{13}{59} - =$ _____

140) $\dfrac{7}{82} / \dfrac{2}{15} =$ _____

141) $\dfrac{76}{103} / \dfrac{43}{51} =$ _____

Wochentagsberechnung

142)   09. Juni 1994 ☞ _____

143) 30. September 2225 ☞ _____

144)   25. Juli 2043 ☞ _____

145)   12. Februar 1788 ☞ _____

146)   27. Mai 1647 ☞ _____

147) 15. November 1856 ☞ _____

148)   31. Januar 1964 ☞ _____

149)   27. März 2139 ☞ _____

150)   31. August 1999 ☞ _____

Mit kleinen Tricks groß beeindrucken   Dinah Spring
        Kopfrechentechniken in Kurzform

XIV.2. Zahlentafel mit Primzahlen bis 150

1	**2**	**3**	4	**5**	6	**7**	8	9	10
11	12	**13**	14	15	16	**17**	18	**19**	20
21	22	**23**	24	25	26	27	28	**29**	30
31	32	33	34	35	36	**37**	38	39	40
41	42	**43**	44	45	46	**47**	48	49	50
51	52	**53**	54	55	56	57	58	**59**	60
61	62	63	64	65	66	**67**	68	69	70
71	72	**73**	74	75	76	77	78	**79**	80
81	82	**83**	84	85	86	87	88	**89**	90
91	92	93	94	95	96	**97**	98	99	100
101	102	**103**	104	105	106	**107**	108	**109**	110
111	112	**113**	114	115	116	117	118	119	120
121	122	123	124	125	126	**127**	128	129	130
131	132	133	134	135	136	**137**	138	**139**	140
141	142	143	144	145	146	147	148	**149**	150

XIV.3. HECTOC
Ziffernreihenfolgen, die bisher ungelöst sind

112117	114123	115567	115827	116567
121143	121581	131116	141171	156567
167181	167451	171717	175117	176611
178181	178188	178881	178888	178988
184156	185571	188788	188887	

211143	211539

351117	361869	363369	366369	383888
388838				

598999

611171	611177	617667	617676	617766
633639	639669	661667	664149	664989
666117	666161	666166	666615	666651
666661	666667	666761	667661	675151
676111	676167	676176	676667	676761
677761	681181	681667		

711161	711781	717767	718178	718887
718888	719171	719878	745171	747778
747787	747877	748777	761117	761161
761767	766111	766861	767717	767761
771818	773167	773781	776761	778181
778451	778551	778978	781117	781171
781281	781676	781718	781888	781978
781987	787888	787889	788189	788789
788818	788878	788881	788971	789788
791887	797881	799971		

Mit kleinen Tricks groß beeindrucken
Kopfrechentechniken in Kurzform

Dinah Spring

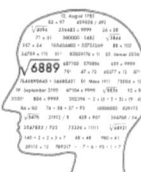

817781	817789	817881	817888	818878
819787	819877	819878	819887	838383
838588	838858	838883	853878	858838
871888	877889	878181	878188	878538
878787	878789	878881	878887	878988
881788	881878	881887	881987	885838
887778	887818	887881	887888	888178
888187	888383	888717	888781	888787
888789	888817	888861	888871	888877
897878	897887	898771	898781	898878
951999	958999	961999	969199	969659
978788	978887			

XIV.4. Wochentagsberechnung im Julianischen Kalender

Der Julianische Kalender war von 45 v. Chr. bis zum 04.10.1582 gültig. Der noch heute gültige Gregorianische Kalender schloss sich mit dem 15.10.1582 direkt an.

$$D_{Tag} + M + J + A = \underline{D}_{Ergebnis}$$

Datumszahlen und ihre Kennziffern sowie die Tageszahlen (D_{Tag} bzw. $D_{Ergebnis}$):

1;	8;	15;	22;	29	☞ **1**	☜	Sonntag
2;	9;	16;	23;	30	☞ **2**	☜	Montag
3;	10;	17;	24;	31	☞ **3**	☜	Dienstag
4;	11;	18;	25		☞ **4**	☜	Mittwoch
5;	12;	19;	26		☞ **5**	☜	Donnerstag
6;	13;	20;	27		☞ **6**	☜	Freitag
7;	14;	21;	28		☞ **7**	☜	Samstag

Monatskennziffern (M):

Januar	☞ **0**	Februar	☞ **3**	März	☞ **3**
April	☞ **6**	Mai	☞ **1**	Juni	☞ **4**
Juli	☞ **6**	August	☞ **2**	September	☞ **5**
Oktober	☞ **0**	November	☞ **3**	Dezember	☞ **5**

Jahrhundertkennziffern (J):

0;	7;	14	☞ **5**
1;	8;	15	☞ **4**
2;	9		☞ **3**
3;	10		☞ **2**
4;	11		☞ **1**
5;	12		☞ **0**
6;	13		☞ **6**

Jahreskennziffern der letzten beiden Ziffern des Jahres (A):

00; 28; 56; 84	☞ **0**	14; 42; 70; 98	☞ **3**
01; 29; 57; 85	☞ **1**	15; 43; 71; 99	☞ **4**
02; 30; 58; 86	☞ **2**	16; 44; 72	☞ **6**
03; 31; 59; 87	☞ **3**	17; 45; 73	☞ **0**
04; 32; 60; 88	☞ **5**	18; 46; 74	☞ **1**
05; 33; 61; 89	☞ **6**	19; 47; 75	☞ **2**
06; 34; 62; 90	☞ **0**	20; 48; 76	☞ **4**
07; 35; 63; 91	☞ **1**	21; 49; 77	☞ **5**
08; 36; 64; 92	☞ **3**	22; 50; 78	☞ **6**
09; 37; 65; 93	☞ **4**	23; 51; 79	☞ **0**
10; 38; 66; 94	☞ **5**	24; 52; 80	☞ **2**
11; 39; 67; 95	☞ **6**	25; 53; 81	☞ **3**
12; 40; 68; 96	☞ **1**	26; 54; 82	☞ **4**
13; 41; 69; 97	☞ **2**	27; 55; 83	☞ **5**

Die Summe aus Datums-, Monats-, Jahrhundert- und der Jahreskennziffer gibt uns den gesuchten Wochentag an, den wir in der Tabelle **D** Datumszahlen und ihren Kennziffern ablesen.

Beispiel: **12. Oktober 1492** (Entdeckung Amerikas)

5 + 0 + 5 + 3 = 13

Amerika wurde an einem Freitag entdeckt.

Ist unser Datum in einem Schaltjahr und vor dem 1. März, so müssen wir im Ergebnis einen Tag zurück gehen.

XIV.5. Lösungen

HECTOC
☞ eine Zahlenspielerei ☜ 14

A) 2x5x(5+5+5-5)   B) (-7+9)x(-3+51+2)   C) (5+3+2x1)^(1+1)
D) 1^479+99   E) ((8/8)^8+9)^(1+1)   F) (22-2x1)x(2+3)
G) 4x(3x7+3+1^7)   H) (9-6+7)^(8-3-3)   I) 9/3+96+5-4
J) (-6+16)x(-8+9+9)   K) 88+5+9-3+1   L) 97+3+3-7+4

Addition 16

A) 139   B) 413   C) 132   D) 157   E) 9232
F) 4543   G) 9635   H) 97387   I) 129784   J) 128947
K) 659286   L) 526936   M) 717312   N) 1109207   O) 9277059
P) 2463879   Q) 10892714

Subtraktion zweier Zahlen 18

A) 9   B) 417   C) 3323   D) 2226   E) 83716
F) 31161   G) 95618   H) 9048592   I) 45703810   J) 24392851

Subtraktion
vom Vielfachen einer Zehnerpotenz 20

A) 43   B) 796   C) 551   D) 24933   E) 24679
F) 759433   G) 130161   H) 15095

Übungsaufgaben Teil I 22

1) (-1+7-1)x(5+6+9)   2) (6-2)x5x(9-8)x5   3) 2x5x(3+7)+8-8
4) (-5+9)x(8+25-8)   5) 2x(3-2+1+6x8)   6) (1+7)^2+6x7-6
7) 9+3/3+(7+3)x9   8) 4+3+2x6+81   9) 8x4+74+2-8
10) (7+3)x(4+5+2-1)   11)5x(-6/6+3x1x7)   12) 1912
13) 8677   14) 137571   15) 1666313
16) 1271271   17) 14829545   18) 2475
19) 5212   20) 86228   21) 70530
22) 3006   23) 424300   24) 249213
25) 142407   26) 625834   27) 5147965
28) 1428868   29) 591808   30) 543618
31) 2839155

Multiplikation zweistelliger Zahlen
nach der Methode „Kreuzmultiplikation" 24

A) 161   B) 368   C) 168   D) 2822   E) 663
F) 4416   G) 3696   H) 2175   I) 1116   J) 5238
K) 1089   L) 3564   M) 1482   O) 3042

Mit kleinen Tricks groß beeindrucken
Kopfrechentechniken in Kurzform

Dinah Spring

Kreuzmultiplikation
zweier dreistelliger Zahlen 26
A) 8736   B) 27072   C) 104004   D) 29464
E) 176902   F) 247520   G) 261408

Multiplikation zweistelliger Zahlen
mit gleichen Zehnerstellen 28
A) 1292   B) 4209   C) 7221   D) 506   E) 9312

Multiplikation zweistelliger Zahlen,
deren Einerstellen gleich sind und
deren Zehnerstellen addiert 10 ergeben 29
A) 2201   B) 2236   C) 3381   D) 2809   E) 1316
F) 2464   G) 2704

Multiplikation zweier Zahlen
„einer mehr als der davor" 30
A) 4221   B) 5609   C) 616   D) 302484   E) 819021
F) 560900   G) 200196   H) 366025   I) 1452021   J) 99900009
K) 42009   L) 1010016   M) 120564   N) 722400   O) 81901771

Multiplikation zweier Zahlen
in der Nähe von Zehnerpotenzen
Teil I 32
A) 9212   B) 8556   C) 7371   D) 8633   E) 8170
F) 981088   G) 982045   H) 983072   I) 973176   J) 99860024

Multiplikation zweier Zahlen
in der Nähe von Zehnerpotenzen
Teil II 34
A) 9919   B) 10961   C) 9588   D) 10573   E) 10070
F) 10974   G) 10486   H) 994994   I) 992956   J) 999900
K) 976860   L) 1004934   M) 100139824

Multiplikation zweier Zahlen
in der Nähe von Zehnerpotenzen
Teil III 36
A) 11322   B) 11772   C) 13920   D) 11960   E) 13298
F) 12154   G) 11663   H) 1029204   I) 1020084

Multiplikation mit der Zahl 11 38
A) 462   B) 5643   C) 37675   D) 75086
E) 9900022   F) 259017   G) 13580237   H) 83951318
I) 6201008   J) 48443208   K) 199887765   L) 82899894
M) 401755750

Multiplikation mit der Zahl 12 40

A) 1716
B) 27768
C) 60144
D) 1114020
E) 37884
F) 537864
G) 10909176
H) 87360
I) 68832
J) 8031852
K) 303852
L) 458688
M) 10373040
N) 9253308
O) 14814814680
P) 119844
Q) 524448

Multiplikation mit Repdigits von 1 42

A) 262293
B) 10156762
C) 103007476
D) 5141631
E) 3732042
F) 1008866442155
G) 124653
H) 2763234
I) 5360190
J) 60350631
K) 667155957732
L) 79992
M) 439956
N) 82821717

Multiplikation mit Repdigits von 9
Teil I 44

A) 5247
B) 223776
C) 9504
D) 752247
E) 24637536
F) 35776422
G) 5468245317
H) 9375506244
I) 345654
J) 89411058
K) 7486925130
L) 6059939400
M) 42605739
N) 123442876557
O) 5000049999
P) 371628
Q) 6824631753

Multiplikation mit Repdigits von 9
Teil II 46

A) 37962
B) 938390616
C) 799920
D) 4531995468
E) 1699983
F) 64599354
G) 770009922999
H) 4599954
I) 50499495
J) 9869013
K) 21999978
L) 709929
M) 564694353
N) 109999989
O) 9998990001
P) 8706009129399
Q) 3649635

Multiplikation mit Repdigits von 9
Teil III 48

A) 13068
B) 34254
C) 44451
D) 11880
E) 9515475
F) 2354643
G) 5338656
H) 6627366
I) 29827143
J) 396198
K) 123321555
L) 765567
M) 45655299
N) 3098890080
O) 261843417
P) 210846003291
Q) 8736896358

Übungsaufgaben Teil II 50

1) 1680
2) 5624
3) 948051
4) 88956
5) 8648
6) 566577
7) 12444
8) 7308
9) 12584
10) 596772
11) 2016
12) 8352
13) 395516
14) 31320
15) 11349
16) 33957
17) 11948
18) 1683
19) 9828
20) 4224
21) 6972
22) 2349
23) 10848
24) 52877
25) 460278

Mit kleinen Tricks groß beeindrucken
Kopfrechentechniken in Kurzform   Dinah Spring

26) 156598 27) 265965 28) 944676 29) 689931
30) 9396 31) 12382539 32) 12198 33) 8448
34) 108658

Division aufgehend
und mit einstelligem Divisor **52**
A) 562 B) 972 C) 48534 D) 6048 E) 7389 F) 5547
G) 49193 H) 36542 I) 70389

Division aufgehend
mit zweistelligem Divisor **54**
A) 58 B) 428 C) 207 D) 453 E) 609 F) 525
G) 936 H) 872 I) 335 J) 2103

Division aufgehend
mit dreistelligem Divisor **56**
A) 643 B) 764 C) 924 D) 245 E) 894 F) 347

Primfaktorzerlegung **58**
A) 3 x 3 x 5 B) 2x2x5x5 C) 2x2x2x7 D) 2x3x5x7
E) 5x31 F) 2x2x5x11 G) 2x7x7 H) 3x5x11
I) 2x2x2x2x3x3 J) 2x2x2x17 K) 2x3x31 L) 5x5x13
M) 3x3x3x3x3 N) 2x2x2x2x2x2x3x5 O) 2x3x5x7x7 P) 3x3x3x3x3x3
Q) 2x2x3x5x13

Übungsaufgaben Teil III **61**
1) 764523 2) 67415 3) 98089 4) 1658963
5) 65487 6) 6652 7) 655 8) 8469
9) 13234 10) 518 11) 513 12) 6497
13) 4568 14) 9352 15) 2673 16) 679
17) 469 18) 867 19) 399 20) 625
21) 284 22) 167 23) 684 24) 3x89
25) 2x3x23 26) 2x5x5x17 27) 3x11x11 28) 2x3x3x5x5x5
29) 3x5x53 30) 3x3x3x5x5x5 31) 3x3x127 32) 2x2x2x71
33) 5x5x5x5x2

Quadrieren zweistelliger Zahlen **64**
A) 1024 B) 576 C) 2809 D) 2116 E) 8649 F) 3844
G) 7744 H) 289 I) 676 J) 3969 K) 5184 L) 729
M) 9604 N) 3136 O) 1444 P) 4761 Q) 3249

Quadrieren dreistelliger Zahlen **66**
A) 53824 B) 267289 C) 370881 D) 200704 E) 522729 F) 33856
G) 708964 H) 98596 I) 432964

Quadrieren mit der Endziffer 1 .... **68**
A) 441 B) 1681 C) 8281 D) 29241

Quadrieren mit der Endziffer 5 .... **69**
A) 38025   B) 1225   C) 225   D) 15625   E) 27225

Quadrieren
unterhalb von Zehnerpotenzen **70**
A) 9409   B) 992016   C) 8464   D) 99880036

Quadrieren
oberhalb von Zehnerpotenzen **71**
A) 11881   B) 13225   C) 1016064   D) 100260169

Quadrate
Repdigits von 1 .... **72**
A) 121   B) 12321   C) 123454321
D) 1234567654321   E) 123456787654321
F) 12345678987654321   G) 12345654321

Quadrate
Repdigits von 3 .... **73**
A) 1111088889   B) 111110888889
C) 1111111088888889   D) 11108889

Quadrate
Repdigits von 6 .... **74**
A) 4356   B) 4444355556   C) 44444435555556

Quadratzahlen
Vorgänger und Nachfolger **75**
A) 1936 ◄■ ■► 2116   B) 1296 ◄■ ■► 1444   C) 12100 ◄■ ■► 12544
D) 3721 ◄■ ■► 3969   E) 2209 ◄■ ■► 2401

Aufgehende Quadratwurzeln
mit zweistelligem Ergebnis **76**
A) 77   B) 25   C) 12   D) 98   E) 62   F) 53
G) 18   H) 33   I) 74   J) 84   K) 23   L) 92
M) 67   N) 34   O) 47   P) 59

Aufgehende Kubikwurzeln
mit zweistelligem Ergebnis **78**
A) 25   B) 91   C) 17   D) 22   E) 53   F) 33
G) 84   H) 26   I) 77   J) 59   K) 94   L) 38
M) 99   N) 49   O) 80   P) 72

Übungsaufgaben Teil IV **80**
1) 1369   2) 2916   3) 6561   4) 1764
5) 7056   6) 841   7) 26569   8) 276676
9) 651249   10) 242064   11) 13689   12) 1026169

13) 806404   14) 48   15) 2809 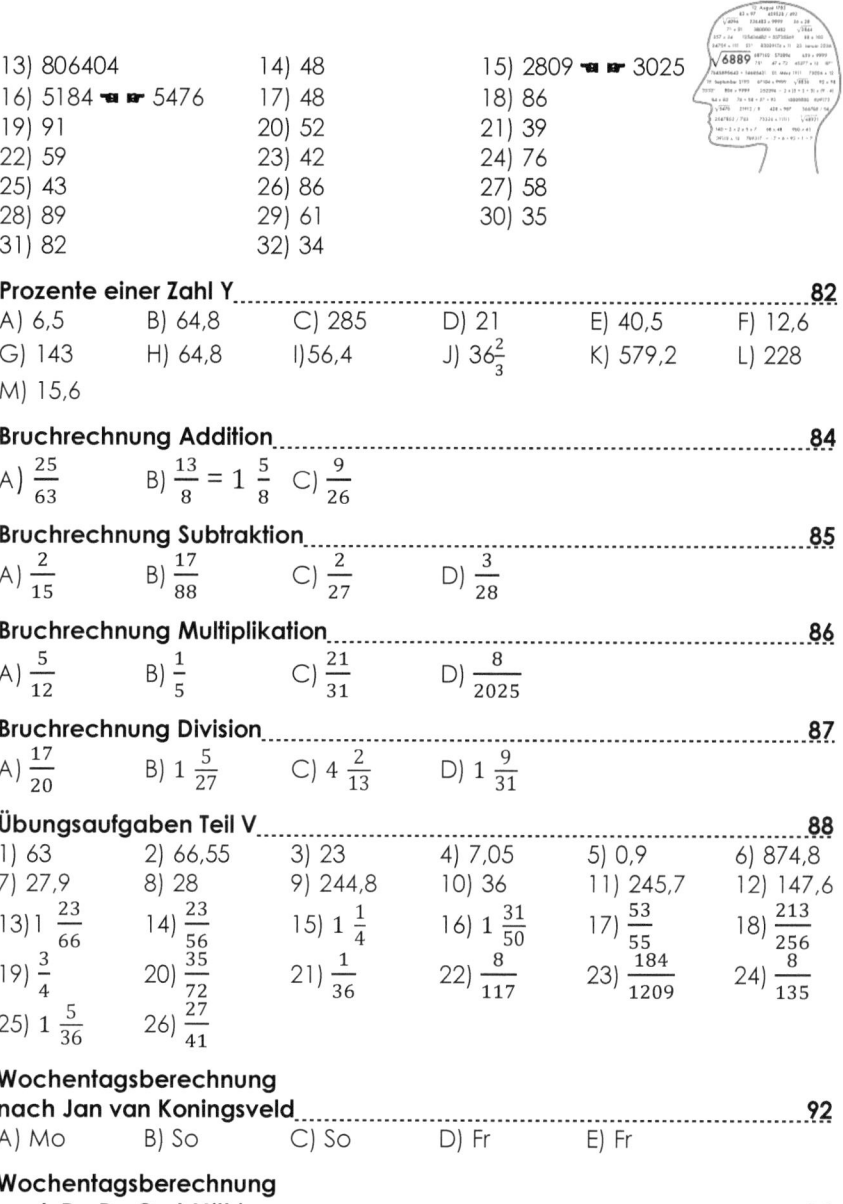 3025

16) 5184 🖐 5476   17) 48   18) 86

19) 91   20) 52   21) 39

22) 59   23) 42   24) 76

25) 43   26) 86   27) 58

28) 89   29) 61   30) 35

31) 82   32) 34

Prozente einer Zahl Y 82

A) 6,5   B) 64,8   C) 285   D) 21   E) 40,5   F) 12,6

G) 143   H) 64,8   I) 56,4   J) $36\frac{2}{3}$ K) 579,2   L) 228

M) 15,6

Bruchrechnung Addition 84

A) $\frac{25}{63}$ B) $\frac{13}{8} = 1\frac{5}{8}$ C) $\frac{9}{26}$

Bruchrechnung Subtraktion 85

A) $\frac{2}{15}$ B) $\frac{17}{88}$ C) $\frac{2}{27}$ D) $\frac{3}{28}$

Bruchrechnung Multiplikation 86

A) $\frac{5}{12}$ B) $\frac{1}{5}$ C) $\frac{21}{31}$ D) $\frac{8}{2025}$

Bruchrechnung Division 87

A) $\frac{17}{20}$ B) $1\frac{5}{27}$ C) $4\frac{2}{13}$ D) $1\frac{9}{31}$

Übungsaufgaben Teil V 88

1) 63   2) 66,55   3) 23   4) 7,05   5) 0,9   6) 874,8

7) 27,9   8) 28   9) 244,8   10) 36   11) 245,7   12) 147,6

13) $1\frac{23}{66}$ 14) $\frac{23}{56}$ 15) $1\frac{1}{4}$ 16) $1\frac{31}{50}$ 17) $\frac{53}{55}$ 18) $\frac{213}{256}$

19) $\frac{3}{4}$ 20) $\frac{35}{72}$ 21) $\frac{1}{36}$ 22) $\frac{8}{117}$ 23) $\frac{184}{1209}$ 24) $\frac{8}{135}$

25) $1\frac{5}{36}$ 26) $\frac{27}{41}$

Wochentagsberechnung nach Jan van Koningsveld 92

A) Mo   B) So   C) So   D) Fr   E) Fr

Wochentagsberechnung nach Dr. Dr. Gert Mittring 94

A) Sa   B) Di   C) Mi   D) Di   E) Mi

Mit kleinen Tricks groß beeindrucken
Kopfrechentechniken in Kurzform
    Dinah Spring   121

1) So   2) Mi   3) Sa   4) Sa   5) Fr   6) Di
7) Do   8) So   9) Do   10) Mi   11) Fr   12) Do
13) Di   14) So   15) So   16) Sa   17) Fr   18) Sa
19) Mo   20) Di   21) Sa   22) So   23) Do   24) Mi
25) Mo   26) Sa   27) Do   28) Mi   29) Fr   30) Mi
31) Fr

Übungsaufgaben
aus sämtlichen Bereichen 101

1) $(3+1+9-3)^{\wedge}(7-5)$ 2) $2x(8-6-9+57)$ 3) $(8+3)x9+3-5+3$
4) $(8-6)x(2+2x4)x5$ 5) $(-7/7+7x3)x(6-1)$ 6) $6^{\wedge}(9-9)x7+93$
7) $4x((3+6)x2+3+4)$ 8) $(6+4)^{\wedge}2x(4+3-6)$ 9) $84+4+2x(-1+7)$
10) $-2+4+96-4+6$ 11) 1128604   12) 1345296
13) 498760   14) 5215984   15) 9185053
16) 3749797   17) 979590   18) 12499655
19) 1068793   20) 2054620   21) 83328
22) 95006136   23) 1876   24) 4428
25) 2046   26) 1558   27) 5850
28) 2639   29) 2115   30) 1972
31) 5394   32) 6734   33) 26724
34) 16638   35) 19904   36) 62088
37) 74948   38) 17444   39) 43296
40) 179305   41) 260192   42) 201105
43) 513128   44) 220864   45) 470528
46) 449442   47) 178204   48) 756653
49) 78864   50) 9064   51) 9306
52) 994986   53) 7912   54) 99920015
55) 9918   56) 584166   57) 61314
58) 1050907   59) 936353   60) 1081884
61) 56832   62) 314556   63) 423024
64) 627   65) 764523   66) 59858
67) 39467   68) 715   69) 4318
70) 2653   71) 8179   72) 584
73) 1835   74) $2x2x5x5x5x29$ 75) $5x5x11x11$
76) $2x3x3x11$ 77) $2x3x5x5x5x5x5$ 78) $3x3x3x5x7x7$
79) $2x2x2x5x5x7x7$ 80) $2x3x5x5x11$ 81) 1089
82) 9999800001   83) 3481   84) 6084
85) 4489   86) 7396   87) 5476
88) 6889   89) 6241   90) 2304
91) 169   92) 9025   93) 2209
94) 5329   95) 4225   96) 841
97) 162409   98) 866761   99) 731025

100) 619369
101) 121104
102) 408321
103) 42436
104) 915849
105) 15376
106) 182329
107) 986049
108) 9998600049
109) 10003400289
110) 1012036
111) 1042441
112) 978121
113) 24
114) 71
115) 72
116) 55
117) 96
118) 29
119) 64
120) 46
121) 75
122) 13
123) 47
124) 19
125) 18
126) 68
127) 24
128) 93
129) 14
130) 54,6
131) 626,5
132) 96,3

133) 324

134) $\frac{163}{165}$

135) $1\frac{16}{75}$

136) $\frac{409}{675}$

137) $\frac{22}{45}$

138) $\frac{1066}{9021}$

139) $\frac{312}{1829}$

140) $\frac{105}{164}$

141) $\frac{3876}{4429}$

142) Do
143) Fr
144) Sa
145) Di
146) Mo
147) Sa
148) Fr
149) Fr
150) Di

Mit kleinen Tricks groß beeindrucken
Kopfrechentechniken in Kurzform

Dinah Spring

XIV.6. Bibliografie

Dr Aditi Singhal
HOW TO BECOME A HUMAN CALCULATOR?
Eurasia Publishing House
ISBN 978-81-219-3921-8

Kenneth R. Williams
Vedic Mathmatics
Advanced Level
ISBN: 978-1-902517-16-2

https://worldmentalcalculation.com/how-to-divide-by-long-numbers-in-mental-math/

Jan van Koningsveld
In 7 Tagen zum menschlichen Kalender:
Berechnung von Wochentagen in Sekundenschnelle.
CreateSpace Independent Publishing Platform (12. April 2013)
ISBN-10: 1484113667

Dr. Dr. Gert Mittring
Rechnen mit dem Weltmeister
Fischer Verlag 2013, Seite 153ff.
ISBN 978-3-596-18989-2

Chemiker-Kalender 1921
Perpetuierlicher Julianischer und Gregorianischer Kalender
nach Ed. Lucas
Verlag von Julius Springer

https://www.nctm.org/yeargame/ (21. April 2024)

https://wir-rechnen.de/hectoc
https://wir-rechnen.de/hectoc/hectocs-ungeloest-unsolved

Mit kleinen Tricks groß beeindrucken
Kopfrechentechniken in Kurzform

Dinah Spring

XIV.7. Wettbewerbe

☞ **Deutsche Meisterschaft im Kopfrechnen**
https://wir-rechnen.de

☞ **Deutsche HECTOC Meisterschaft**
https://wir-rechnen.de

☞ **Weltmeisterschaft**
http://www.recordholders.org/de/events/worldcup/

☞ **MindSportsOlympiad**
https://mindsportsolympiad.com

☞ **Memoriad**
http://www.memoriad.com

☞ **Kreismeisterschaften in zwei Stufen für Schulen**
http://www.reken-rechnet.de   *Reken Rechnet e.V.*

☞ **Europameisterschaft für Kinder und Jugendliche**
https://mittring-calculation.jimdo.com

☞ **Weltmeisterschaft für Kinder und Jugendliche**
http://www.juniormentalcalculators.com

XIV.8. Informationen zu Wettbewerben, Interviews…

☞ *https://worldmentalcalculation.com*

Mit kleinen Tricks groß beeindrucken
Kopfrechentechniken in Kurzform

Dinah Spring